Zhongguo Wenhua Zhishi Duben

中国文化知识读本

满汉全席

主编 金开诚
编著 何兰香

吉林出版集团有限责任公司
吉林文史出版社

图书在版编目（CIP）数据

满汉全席 / 何兰香编著 . —长春：吉林出版集团有限责任公司：吉林文史出版社，2009.12（2022.1 重印）
（中国文化知识读本）
ISBN 978-7-5463-1577-5

Ⅰ . ①满… Ⅱ . ①何… Ⅲ . ①饮食 - 文化史 - 中国 Ⅳ . ① TS971

中国版本图书馆 CIP 数据核字（2009）第 236850 号

满汉全席

MANHAN QUANXI

主编/ 金开诚 编著/何兰香
责任编辑/曹恒 崔博华 责任校对/王明智
装帧设计/曹恒 摄影/金诚 图片整理/董昕瑜
出版发行/吉林文史出版社 吉林出版集团有限责任公司
地址/长春市人民大街4646号 邮编/130021
电话/0431-86037503 传真/0431-86037589
印刷 / 三河市金兆印刷装订有限公司
版次 /2009 年 12 月第 1 版 2022 年 1 月第 16 次印刷
开本/650mm×960mm 1/16
印张/8 字数/30千
书号/ISBN 978-7-5463-1577-5
定价/34.80元

《中国文化知识读本》编委会

关于《中国文化知识读本》

文化是一种社会现象，是人类物质文明和精神文明有机融合的产物；同时又是一种历史现象，是社会的历史沉积。当今世界，随着经济全球化进程的加快，人们也越来越重视本民族的文化。我们只有加强对本民族文化的继承和创新，才能更好地弘扬民族精神，增强民族凝聚力。历史经验告诉我们，任何一个民族要想屹立于世界民族之林，必须具有自尊、自信、自强的民族意识。文化是维系一个民族生存和发展的强大动力。一个民族的存在依赖文化，文化的解体就是一个民族的消亡。

随着我国综合国力的日益强大，广大民众对重塑民族自尊心和自豪感的愿望日益迫切。作为民族大家庭中的一员，将源远流长、博大精深的中国文化继承并传播给广大群众，特别是青年一代，是我们出版人义不容辞的责任。

《中国文化知识读本》是由吉林出版集团有限责任公司和吉林文史出版社组织国内知名专家学者编写的一套旨在传播中华五千年优秀传统文化，提高全民文化修养的大型知识读本。该书在深入挖掘和整理中华优秀传统文化成果的同时，结合社会发展，注入了时代精神。书中优美生动的文字、简明通俗的语言、图文并茂的形式，把中国文化中的物态文化、制度文化、行为文化、精神文化等知识要点全面展示给读者。点点滴滴的文化知识仿佛繁星，组成了灿烂辉煌的中国文化的天穹。

希望本书能为弘扬中华五千年优秀传统文化、增强各民族团结、构建社会主义和谐社会尽一份绵薄之力，也坚信我们的中华民族一定能够早日实现伟大复兴！

目录

一 中国古代宴席的发展过程

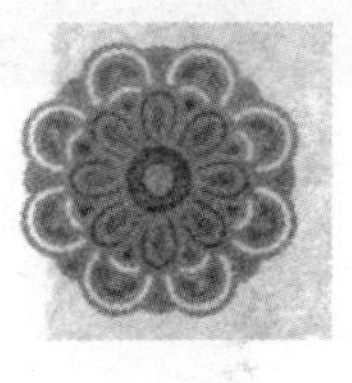

青铜食具

要全面地认识满汉全席，首先需要对我国古代宴席的发展脉络有一个较完整的把握。中国古人的宴席很简朴。筵和席本是古时的坐具，每遇祭祀和庆典，人们便围坐在宴席之上，觥筹交错，分享食物，高歌抒怀，起舞助兴，这是最初最简单的宴席。

夏商之际，也就是公元前2200年左右，农业、手工业、商业逐步兴盛起来，尤其是青铜冶炼和铸造技术比较发达。生产力的提高也使人们的食品种类更加丰富，食具更加精美，烹饪技艺日益提高，甚至还产生了掌管王府膳食的“疱正”一职，这些都为宴席的形成奠定了基础。

随着社会生产力的进步，饮食也日趋丰富和精美。周朝时出现了我国最早的名菜席——“八珍席”。周天子“食用六谷，膳用六牲，饮用六清，馐用百二十品，珍用八物”，这在当时来说是极为奢华的。《诗经》中有关于鹿鸣宴的描述，如“呦呦鹿鸣，食野之苹，我有嘉宾，鼓瑟吹笙”，宾主欢聚，畅怀宴饮，很是热闹。《礼记》中也有对王公贵族宴席的描述：“铺宴席、陈尊俎、列笾豆”，“陈馈八簋，味列九鼎”。

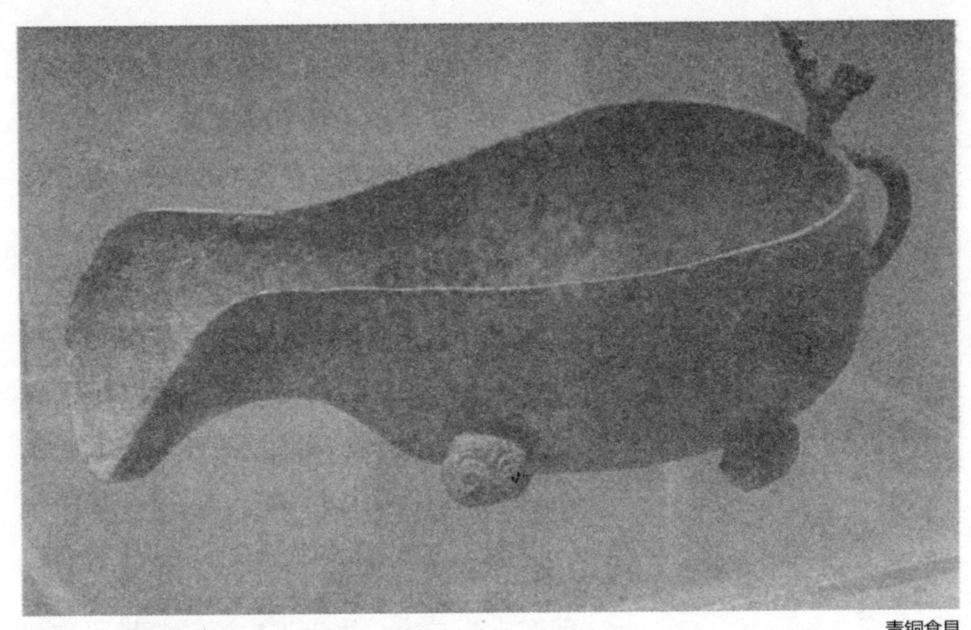

青铜食具

这时一桌宴席的菜品已经多达三十多道，除此之外，《礼记》中对菜肴的设计、主客的座次、吃饭时的繁缛礼节等等也都有所记载，要求非礼勿视，非礼勿行。此时，宴席已不仅仅是欢聚、交际的宴饮需要了，而直接上升为礼乐教化的一种方式。

秦汉时期，宴席的色、香、味、形、器五大属性已完全具备，烹饪原料丰富，素菜开始兴起，面点的制作也更加精美多样，餐桌的陈设也十分讲究。据翦伯赞先生考证："当前宴赏群臣之间，则庭实千品，旨酒万钟……管弦钟鼓，异音齐鸣……"可见宴席的盛况空前。

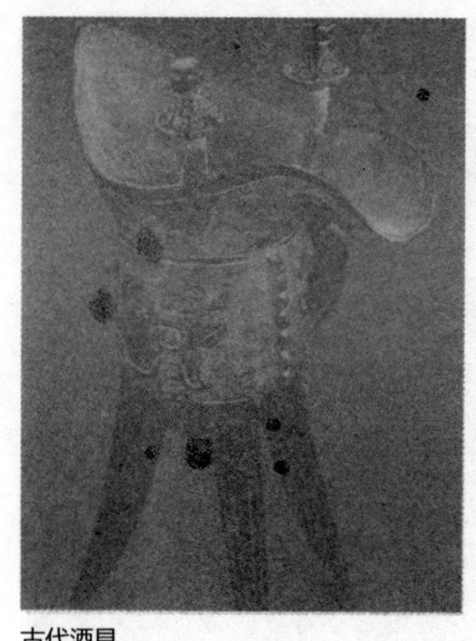
古代酒具

隋唐五代时，宴席更加奢华。到了唐代，宴会的名目更加细致化，出现了新岁宴（元旦）、临光宴（元宵节）、三殿宴（端午节）、赏月宴（中秋节）等宴席。

两宋时期三百多年的历史，是我国餐饮史上承前启后的重要阶段，尤其对满汉全席的形成起到了推波助澜的作用。北宋时期经济繁荣，京都汴梁（今开封）车水马龙、川流不息，全国各地巨商大贾云集于此，南北物产日夜上市，有名大酒店就有七十二家。由于人口流动频繁，东西南北的饮食文化空前大融合起来，极大地促进了全国烹饪技艺和宴席艺术的发展。

青铜食具

青铜食具

1127 年，赵氏政权迁都临安（今杭州），建立南宋。南宋政权虽是落得半壁江山，然而尚食之风不但未减分毫，反而更甚。随朝廷南下的大批北方百姓中，有不少是名厨或饮食店业主，他们落户杭州后重操旧业，与以杭州为中心的南方菜肴互相融合、取长补短，形成了南料北烹的新菜肴体系。这是我国历史上最大的一次饮食风俗和烹饪技艺的交流，满汉全席集南北名肴之大成的特色即发端于此。

进入元代，民族融合继续加强，“女真食馔”“畏兀儿茶饭”等菜品与汉族美馔同

青铜食具

入宴席食谱，更加丰富多彩。明清时代宴席进入了完全成熟期，明成祖迁都北京后，大批宫廷御厨、官僚家厨及山东民间名厨纷纷北上，南北菜肴汇聚北京，扬长避短，进一步融合。随着八仙桌的问世，宴席的座次尊卑也更加讲究，甚至有专门的“席图”规定等级座次，以坐西面向正东者为首席，不可随意乱坐。满族初入关时，他们的饮食习惯还保留着传统的满族特色。由于清皇族的统治，使得满族的饮食习惯和烹饪技艺在宫廷之中占了主导地位，一方面抑制了汉菜的发展，另一方面也为满汉饮食的交汇融合提供了可能。

二 满族的饮食特点与满汉饮食的融合

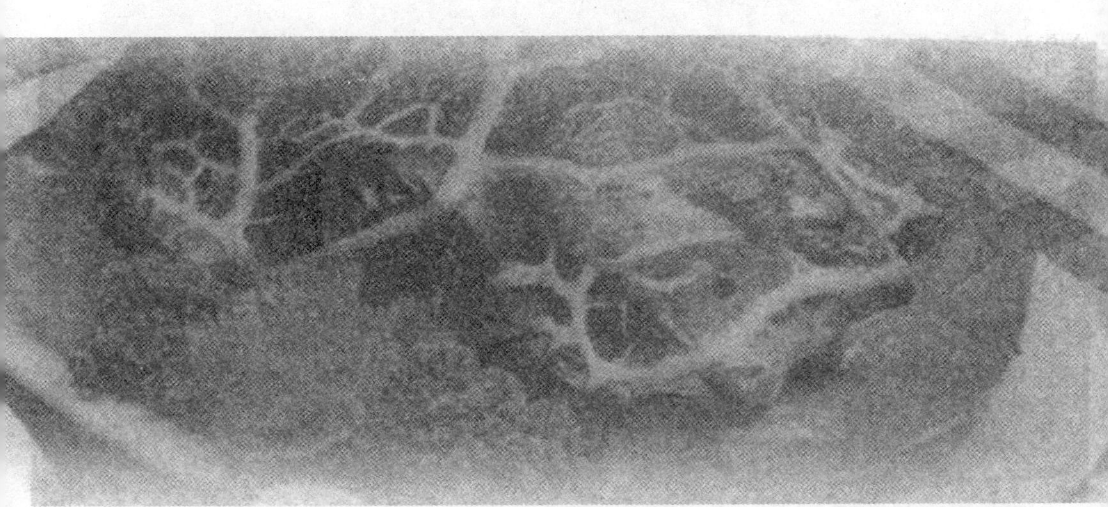

（一）满族先民的饮食生活

满族是我国北方的一个古老民族，主要聚居于黑龙江、吉林、辽宁、河北四省和内蒙古自治区，人口近千万。满族的先祖最早见于商周时代，五代时称为女真，后沿用此名。明朝万历年间，建州女真满真部领袖努尔哈赤英勇善战，统一了建州女真、海西女真和野人女真三个部落，1635 年，努尔哈赤的第八个儿子皇太极正式宣布统一后的女真各部统称为满洲。

战国时期以前，满族人主要以游牧、狩猎和采集野生食物为生，到了战国时期，才开始种植五谷。但这时候的满族人的生

鹿鸣宴

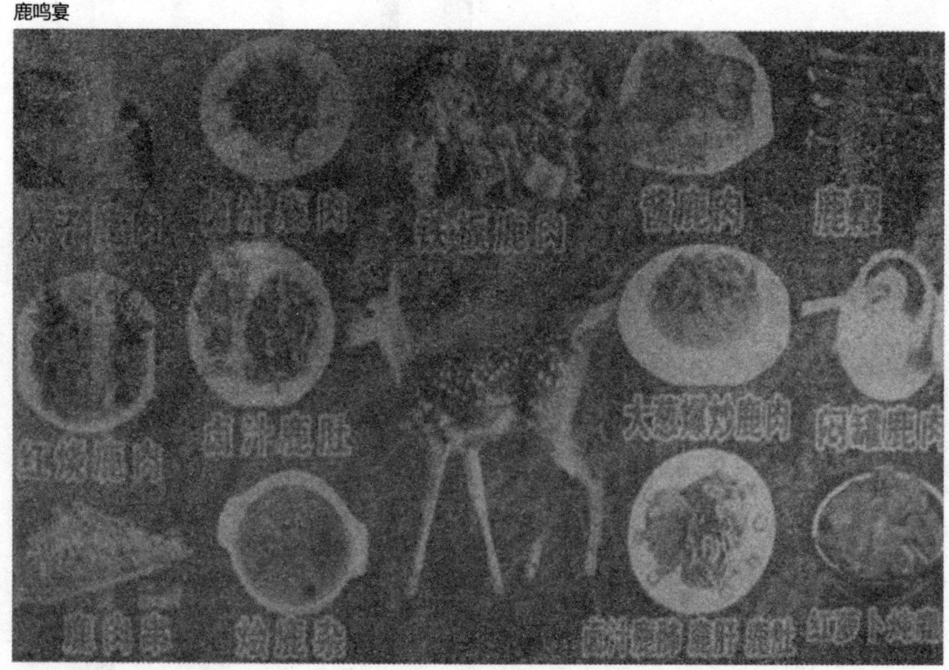

战国时期满族人就开始种植五谷

活依然是原始状态，饮食以烧烤为主，烹饪简单随意。南北朝以后，大批满族人结束了游牧生活，来到富饶的松花江上游和长白山北麓定居，这里土地肥沃，四季分明，对于谷物的种植很适宜。于是他们在继续狩猎、捕鱼的同时也开始种植五谷和圈养家畜，生活上的稳定和食物种类的增多使满族人能够有更多的时间和精力来丰富自己的饮食以改善生活。现在在东北三省的一些小镇和乡村依然保持着用粳米、小米、高粱、小豆等混杂在一起煮干饭的习惯。猪肉作为满族人喜爱的主要肉类品种之一，除用于祭祀外，白煮的烹饪方法最为流行，至今仍是满族人的席上珍馐。此外如羊肉、鹿肉也都颇受青睐。满族人也喜食饵饼类食物，种类可达数十种，食用时多堆叠在大盘子里，高达数尺，供客人享用，这种堆得高而多的饼叫“金钢镯”，又叫“饽饽席”，后来也常出现在“满汉全席”之中。

清入关以前，贵族的宴席非常简单。一般的宴会，是在露天下铺一块兽皮，大家围坐在一起，席地而餐。《满文老档》中记：“贝勒们设宴时，尚不设桌案，都席地而坐。”宴会的菜肴，一般是火锅配以炖肉，猪肉、牛羊肉加以兽肉。皇帝出席的国宴，也不过设十几桌、几十桌，也是以牛、羊、猪、兽肉为主，用解食刀割

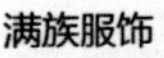
满族服饰

八旗鹿肉

肉为食。

在满族入主中原的同时，其传统饮食文化也被带入中原。当时局势尚未稳定，社会上的反清势力依然存在，导致满清政府对其他民族存有很强的戒备心理。这种戒备也直接影响了宫廷饮食，御厨中的厨师绝大部分为满族人，即使有汉族厨师，也不敢擅自烹制汉菜。因此，当时清宫饮食习惯仍保留满族的饮食习惯。所谓满族习惯，具体来说就是对于菜肴的烹调沿用自己的民族祖先遗留下来的方法，主要有清煮和烧烤两类，但这并不能说满族的食物在制作方法上都很简单，比如清煮猪肉就可以分出油复汤白肉、煮猪头、白片肉、煨猪蹄、白肉血肠、皮汁、皮冻等。据《调鼎集》记载："凡煮肉，先将皮上用利刀横立刮洗三四次，然后下锅煮之，不时翻转，不可盖锅。当先备冷水一盆，置锅边煮拨三次，闻得肉香，即抽去火，盖锅闷一刻，捞起分用，分外鲜美。"另外对白煮肉的改刀方面也有严格的要求，即"割不正不食"，由此可见看似简单的煮肉要真正做好也实属不易。烧烤类佳肴

白肉血肠

白片肉

挂炉烤鸭

种类也很丰富，有挂炉肉、炙羊肉片、火烧羊肉、叉烧金钱肉、熏鹅、炙鸭、炙鲤鱼、炙仔鹅、炙鱿鱼等。徐柯在《清稗类钞》里记载了当时火烧羊肉的做法："切大块重五七斤者，十铁叉火上烧之。"这也可以看成是现代火烧羊肉的原型，只是当时的技法确显粗糙，现今火烧羊肉的烹技要精细得多，不仅预先用酒、花椒、葱、姜等调料腌渍入味，还可以放入烤箱中自动翻烤，受热均匀，肉质鲜嫩、香味诱人。此外，清初御厨房的烹饪原料，也主要是采自满族人聚居的东北三省，如鹿、野鸭、狍子、熊掌等野味及小米、粳米等主食和豆类。

八宝野鸭

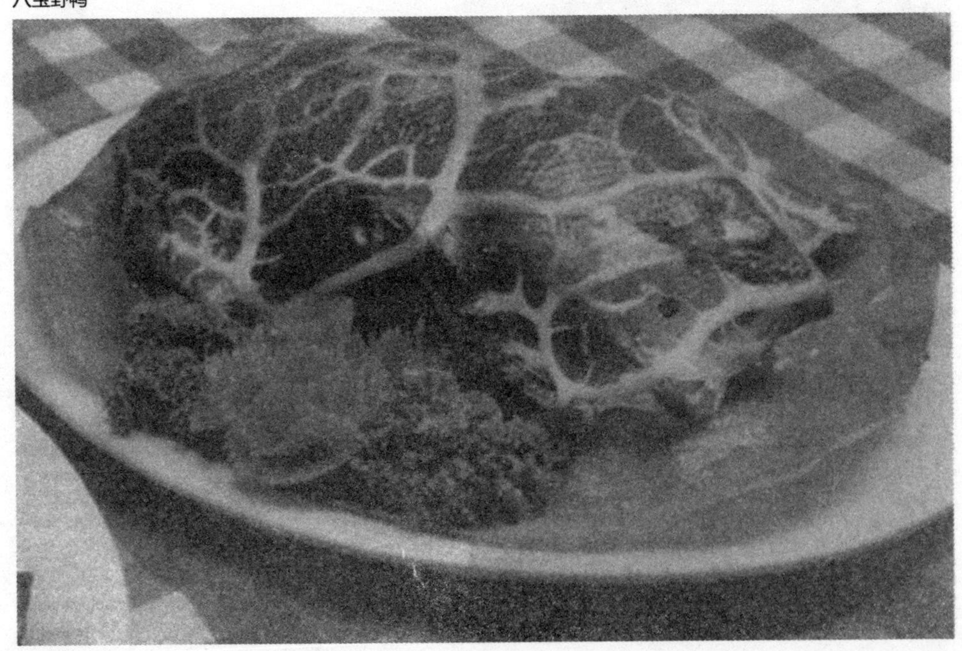

熊掌

清朝初期的宫廷宴席或者官府宴请，完全继承了满族的宴俗，在搭配设计上也不十分考究。据谈迁《北游录》记载：“清初，满洲贵家款客，撤一席又进一席，贵其叠也。”这种习俗在满汉全席中也有出现，如“上菜三撤席”，“全席可分只大用毕，也可两大连续。”在宴席之中以舞助兴，也是满族宴俗的一个重要内容。据史料记载：“满人有大宴会，主家男女，必更迭起舞。大率举一袖于额，反一袖于背，盘旋作势，众皆和之，以此为寿也。”

糖醋鲤鱼

（二）满汉饮食的融合

虽然满族入关后，他们的饮食习惯保留着传统的民族特色，汉菜在宫廷饮食中无一席之地，但是随着清王朝的强大和昌盛，清朝统治者逐渐海纳百川、兼容包并，吸收了汉族及其他民族的饮食精华，包括饮茶、酿米酒、制作点心等。而且，政权稳定后清政府实施的一项重要政策就是任用汉族官僚和文人学士，文武官员满汉兼用，这客观上也促进了汉菜在清宫中的悄然兴起。这样的变化是历史的必然，究其原因主要有两点：

一是社会安定，政治开明。随着清王朝政权不断稳固、强大，满族和汉族原有的民族矛盾逐渐消除，在各个族群的文化得到广泛认同并互相交融之后，政治上出现了较为宽松的局面。清太祖努尔哈赤提出了对满、汉官员执行平等的政策，在编制、礼仪，甚至在饮宴和娱乐中，都要求维持一种均衡的局面，甚至“汉之小官及平人前往满洲地方者，得任意径入诸贝勒大臣之家，同席饮宴，尽礼款待”（《满洲秘档》）。因努尔哈赤的旨谕，使得大批由关内迁至满洲定居的汉人能够与满人和睦相处，这不仅有益于生产的发展，社会的安定，也使关内的饮食习俗和制食技艺得以传播，满、汉两族的烹调技艺在相互的交流中互相影响，共同发展。同时也由于满、汉官员之间的和睦共事，不仅使政权更加巩固，也使两族的宴饮习惯更加融合，袁枚在《随园食单·本分须知》中的一段话，很能说明这一点。他说：“汉请满人，满请汉人，各用所长之菜，转觉入口新鲜，不失邯郸故步。令人忘其本分，而要格外讨好。汉请满人用满菜，满请汉人用汉菜，反致依样画葫芦，有名无实……”按袁枚这段话来理解，当时满、汉官府各用对方民族肴馔来宴请对方，令对方很不习惯，也达不到和谐融洽的

绣球干贝

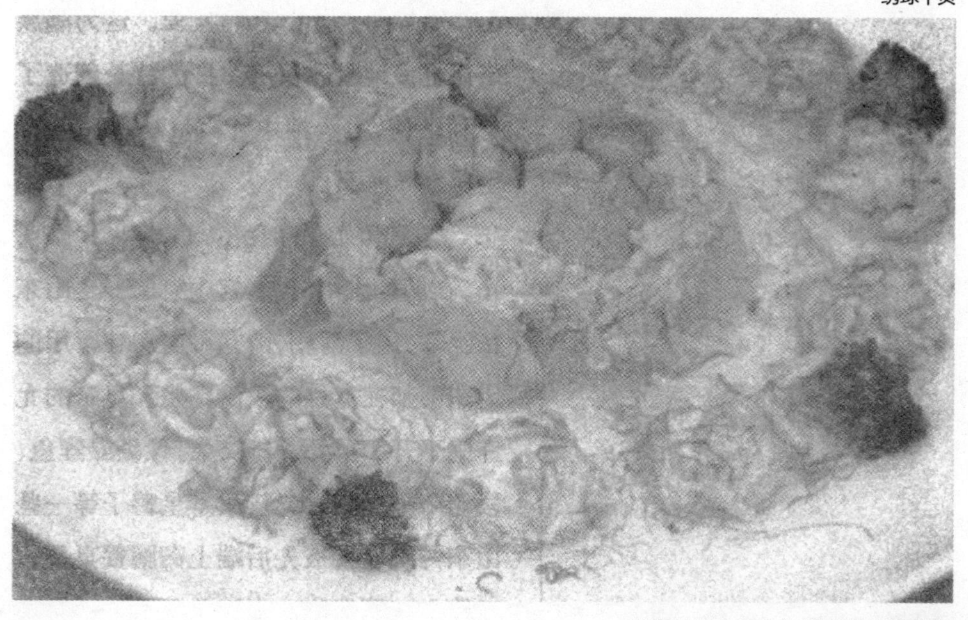

拔丝苹果

效果，于是后来干脆就将满、汉肴馔中的精品拼在一起，以示不分彼此，和睦友爱。这为满族烹饪更多地吸取汉族烹饪的特长创造了有利条件，也为清中叶“满汉全席”的产生奠定了基石。

二是汉菜有机会在御厨房里崭露头角。在明朝统治时期，宫中御厨多是山东籍厨师，到了清朝，清宫御厨房被留用的山东厨师在宽松的政治环境和皇帝的允许之下开始重新烹制汉菜。像糖醋鲤鱼、拔丝苹果、绣球干贝、酿寿星鸭子等一些山东传统名菜被先后端上御膳餐桌和宫廷筵宴，《调鼎集》中记载了两份当时清宫汉菜宴席的菜单，其中不仅记录了菜名，连烹饪方法也有很详细的记载。在汉族厨师有机会开始大展拳脚的同时，汉菜原料也理所当然地占据了御厨房的一席之地。这和清宫中汉族皇后嫔妃的饮食习惯也大有关系。《养吉斋丛录》记载，清宫中皇后嫔妃都有单独膳房，为了满足汉族嫔妃饮食上的需求，膳房的厨师开列食单并报请清宫内务府所属的御茶膳房和光禄寺，通过采购、御园种植和各地进贡等途径获得所需烹饪汉菜的原料，这也为汉菜在宫廷中的广为流传创造了条件。所以汉菜在宫廷宴席中的地位越来越受到重视。

汉菜在宫廷宴席中的地位日益提升

汉菜在御膳中兴起之后，经过康熙后期、雍正、乾隆初期这漫长岁月的潜移默化，与满菜相互渗透，取长补短，满、汉两种不同的饮食风格更加密切地融合在一起，逐渐被皇室成员所接受和喜爱。康熙后期，皇室的奢华之风渐起，至康熙帝的六十寿辰，宫廷首开千叟宴，康熙两次宴赏老人，先后与65岁以上的老人两千八百余人共宴。相传,康熙在皇宫首尝满汉全席,并亲笔书下“满汉全席”四字，从而确定了满汉全席的地位，在宫廷名噪一时。到乾隆时，浮华之风大盛。乾隆皇帝六次南巡都对汉菜情有独钟。这也最终使得汉菜在御膳中脱颖而出,与满菜各享半壁江山。至此，满汉全席这朵饮食文化的奇葩已经枝叶茂盛，只待绽放了。

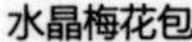

水晶梅花包

虽然之前满席、汉席已经平分秋色，不分上下，但满汉全席的真正成熟时期却是在乾隆时期。乾隆时期，史称“盛世”。康熙、雍正两朝通过继续贯彻努尔哈赤“满汉一体”的政策方针，到了乾隆时期，政治稳定，经济也达到了空前的繁荣。历史上国泰民安、经济繁荣的时期，也是筵宴大发展时期。大唐盛世出现了曲江宴、烧尾宴等名宴，乾隆盛世则产生了千叟宴、满汉全席。这是社会发展在饮食上的直接反映。另外，乾隆本人对于满汉全席的发展也起到了不可忽视的促进作用。作为盛世之君，乾隆在饮食上极为讲究和奢华。为了显示“威加四海，富甲天下”的天子气派，他经常传令御膳房，向天下四方搜罗美味，将各地进贡的山珍海味、珍禽异兽等烹调成各种名菜佳肴供皇室享用或赐宴群臣。其中有所谓“禽八珍”，如红燕、飞龙、鹌鹑、天鹅等。“海八珍”，如燕窝、鱼翅、大乌参、鱼肚、鲍鱼等。“山八珍”，如驼峰、熊掌、猴头、猩唇、豹胎、犀尾、鹿筋等。“草八珍”，如猴头菇、银耳、竹笋、驴窝菌、羊肚菌、花菇等。真可谓世间一切珍食，应有尽有，不计其数。宫廷内的宴席种类也进一步细化，出现了如“新正筵宴”“茶宴”“大蒙古包宴”等，乾隆还喜食南方美味，从而使苏扬菜品进入了宫廷。出于政治的需要和游乐享受的双重目的，乾隆时常巡游各地。他曾五十二次到热河（今承德）行宫消夏，八次巡游山东曲阜祭孔，六下江南视察，四次东巡盛京（沈阳故宫），每到一处，膳食都是大张旗鼓，盛况空前。他在一次南巡时，往返行程

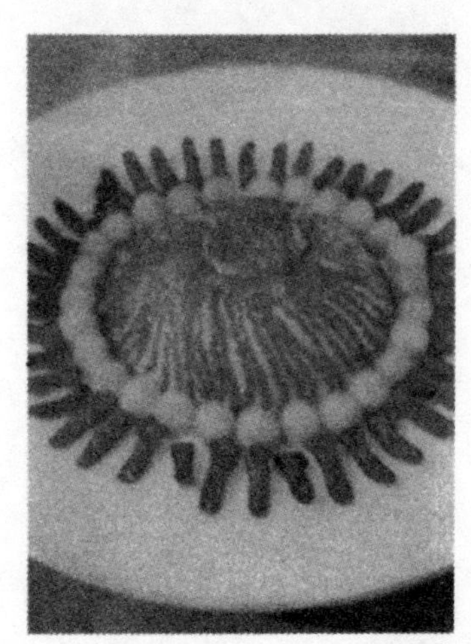

孔府菜

孔府菜

满汉全席精致的餐具

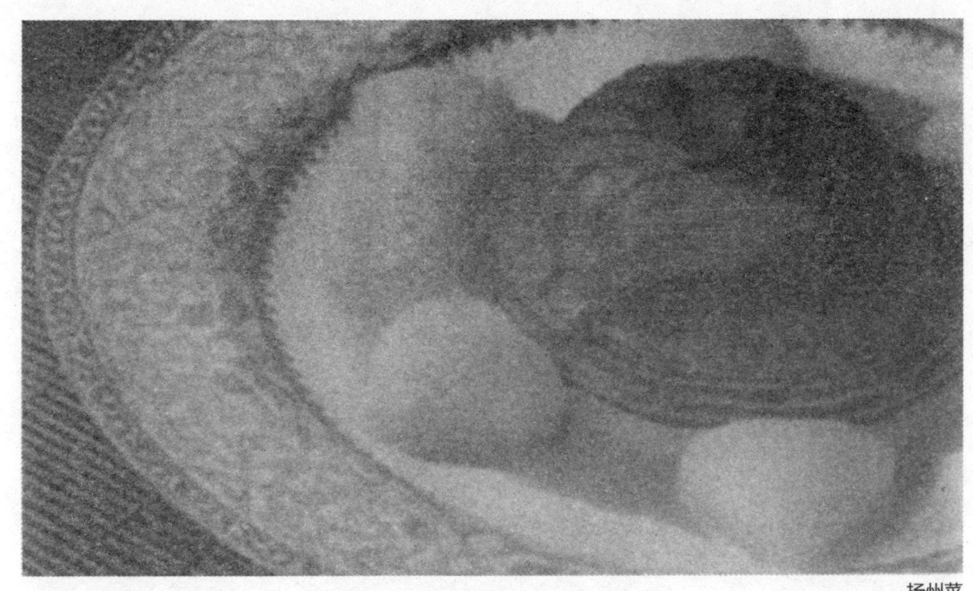

扬州菜

五千八百多里，沿途所设的行宫就多达三十多处，铺张与奢华可见一斑。为备御膳之需，仅驮载茶膳房用具等物品的骆驼就达七八百头之多，此外，京师还预先把茶房所用的七十五头乳牛和膳房所用的一千多头羊送往宿迁、镇江等地。每日御膳都是由御厨和各地名厨精心烹调，即使是最简单的一顿饭都有珍肴、面点、瓜果等数十个品种。地方官府为了顺应乾隆的民族进食方式，同时要满足皇帝寻求地方汉食美味的愿望，迎皇筵宴都是趋于一种满、汉食风合璧的形式。所以“满汉全席”在乾隆时期得以成熟也是顺理成章的。

此外，乾隆在第五次巡游山东时，同皇后到曲阜祭孔，并将女儿下嫁孔府后代，“陪嫁

扬州菜

品”中有一套“满汉宴·银质点铜锡仿古象形水火餐具”。这套餐具共计四百零八件，可盛装一百九十六道菜，出自广东潮城（今潮州）“颜和顺正老店”的潮阳银匠杨义华之手。这是中国仅有的一套完整满汉全席餐具。餐具上镌记年号为“辛卯年”，即1771年。也就是说，满汉全席最晚在1771年前已经定型，这也从侧面证明满汉全席成熟的大体时间。

三　满汉全席起于宫廷，兴于民间

全鱼宴

有了统治者的大力推动，满汉饮食得以取长补短充分融合，满汉全席也顺势而生。满汉全席最初起源于宫廷之中，光禄寺的宴制可以说是它的雏形。

清宫光禄寺始于顺治元年（1644 年），是专门管理国家宴席的机构，沿袭明宫膳事机构的体制而设。清朝定都北京后，面对统治全国的形势，宫中膳事活动日益频繁，满族原先简朴的宴席形式已明显不合适，为了完善和健全宫廷膳食体制，统治者们设立了光禄寺。清宫光禄寺的宴制，以满族规制为主。清朝统治者出于政治需要和民族观念，规定朝廷中最重要的筵宴，如新帝的登基宴、皇帝和太后的万寿宴、祭祀宴等均为“满席”食制。后来的“满

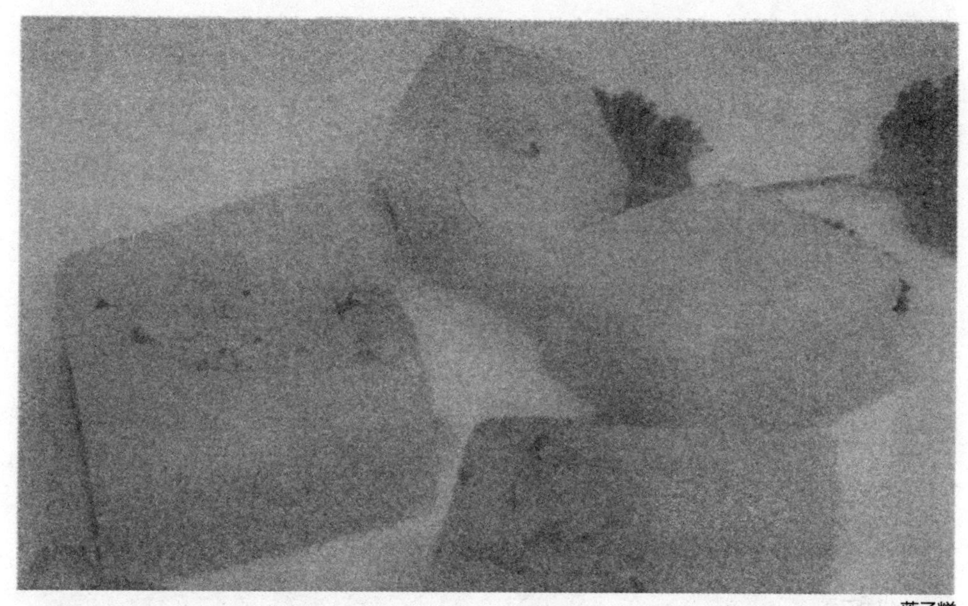

莲子糕

汉全席”，以“满”字当头，这也可以算是其中的一个历史原因。经过了顺治、康熙、雍正、乾隆四朝的发展，宫廷食制的实际内容也随着清朝政权的发展而潜移默化地受到汉族食俗礼仪及烹饪技艺的濡染和渗透，特别是乾隆时期，这种迹象更为明显。光禄寺的宴制包括满席和汉席，“满席自一等至六等，汉席自一等至三等，又有上席、中席。”（《钦定大清会典》卷七十四），意思是说满席有六个等级，汉席被划分为三个等级，“满席”由满厨主掌，“汉席”由汉厨主掌。此外还有“上席”和“中席”，它既没有标明是“满席”，也没有标明是“汉席”，应该是介于二者之间的一种宴席。由于政治

杏仁豆腐

原因和清廷统治者的民族心理意识以及宫规食制的约束，“上席、中席”不便用满、汉联结的名称出现，笼统地以“上席、中席”谓之也不无可能。唐鲁孙在他的一本书中记述了清宫满汉全席的部分菜谱，他的祖姑母是清皇室的瑾太妃，他接触的都是第一手资料，所以这份菜谱比较权威。现将部分内容摘录如下：满席：四色玉露霜四盘，每盘四十八个，每个重一两二钱五分。四色馅白皮方酥四盘，每盘四十八个，每个重一两一钱。四色白皮厚夹馅四盘（数量及每个重量同上）。白蜜印子一盘，计四十八个，每个重一两四钱。鸡蛋

《扬州画舫录》

乾隆乙卯年鐫
揚州畫舫錄
自然盦藏板

印子一盘，计四十八个，每个重一两三钱。黄白点子二盘，每盘三十个，每个重一两八钱。松饼二盘，每盘五十个，每个重一两。中心合图例饽饽二碗，每碗二十五个，每个重二两。中心小饽饽二碗，每碗二十个，每个重九钱。红白馓枝三盘，每盘八斤八两。干果子十二盘（龙眼、荔枝、干葡萄等，每盘十两）。鲜果六盘（苹果、樱桃、梨、葡萄等时果）。砖盐一碟（计重六钱）。汉席：宝装一座，用面粉二斤半制成宝装花一攒。大锭八个，小锭二十个。大馒头（面粉、香油、白糖制成）二个，小馒头二十个。包子一盘，蒸饼一盘，米糕二盘。羊肉二盘，

猩唇

满汉全席起于宫廷，兴于民间

每盘一斤。东坡肉一碗（十二两）。木耳肉一碗，盐煎肉一碗，白菜肉一碗（各八两）。肉圆一碗，方子肉一碗，海带肉一碗，炒肉一碗（猪肉八两六两不等）。桃仁一盘，红枣一盘，柿饼一盘，栗子一盘，鲜葡萄一盘（每盘八两）。酱瓜一碟，酱茄一碟，酱芥蓝一碟，十香菜一碟（各五钱）。猪肉一方，三斤。羊肉一方，十四斤。鱼一尾，一斤。从这份菜单可以看出，在原料上，光禄寺的宴席既有用面定额（做饽饽用），又有“汉席”中的肉类菜肴，既有烧方、羊方这类满式菜肴，又有“汉席”中的蒸食、蔬食；而且，还特别写明有关陈设和席面安排，这实际上也就是将满、汉食俗和烹饪加以联结和交融的一类宴席。还有一点不可忽视，光禄寺的“汉席”被规定在传经讲学、文武会试、修书编典等文化活动的应用之内，这充分反映了汉族饮食与汉族的文化一样，已被清廷所接受和认可。所以说，“汉席”现象的存在，即清房烧饼宫御膳中的山东饮食风味和康乾时期引入宫廷的苏扬饮食风味，是后来“满汉全席”中“汉菜”部分的基础。

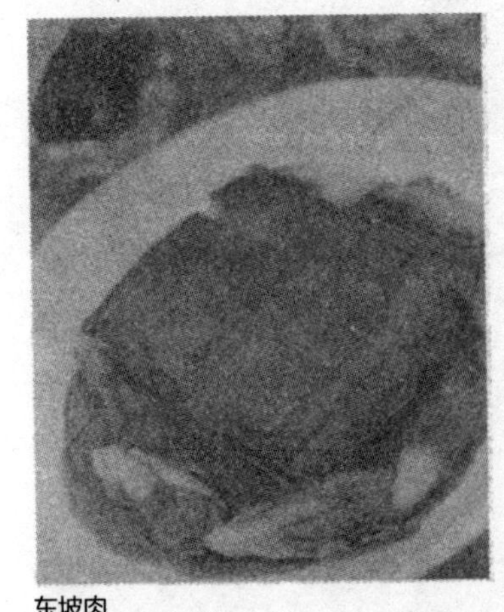
东坡肉

乾隆年间著名的文学家李斗在《扬州

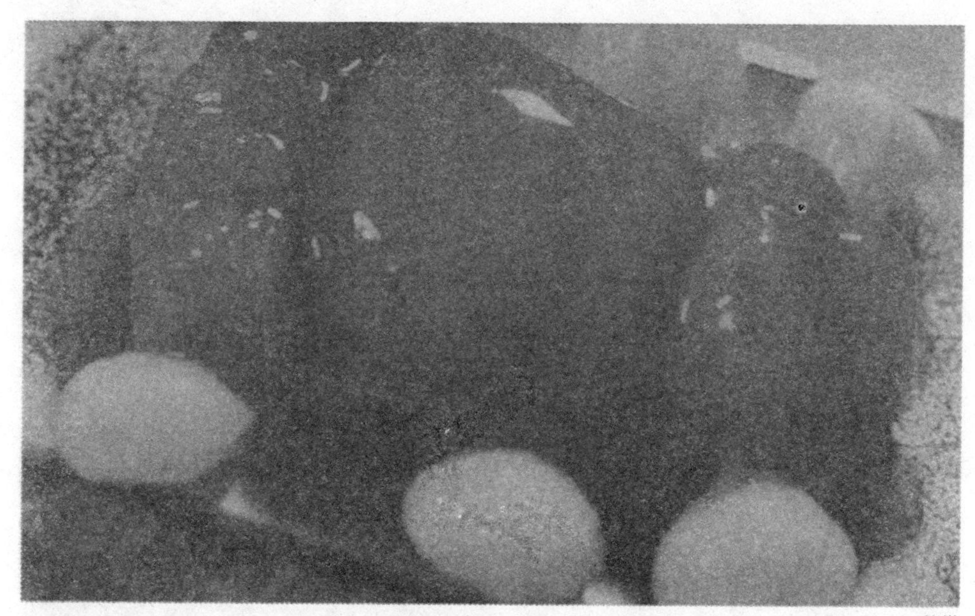
熊掌

画舫录》中记载了一份满汉席的菜单，因为李斗曾“三至粤西，七游闽浙，一往楚豫，两上京师。”从乾隆二十九年至乾隆末年，他将自己“目之所见，耳之所闻”的事情记录下来，写成《扬州画舫录》一书，著名诗人兼烹调研究家袁枚，于乾隆五十八年还为这本书写了序，因此，这本书记载的基本上都是李斗亲身经历过的事情，有重要的史料参考价值。所记膳单如下“上买卖街前后寺观，皆为大厨房，以备六司百官食次: 第一份，头号五簋碗十件——燕窝鸡丝汤、海参烩猪筋、鲜蛏萝卜丝羹、海带猪肚丝羹、鲍鱼烩珍珠菜、淡菜虾子汤、鱼翅螃蟹羹、蘑菇煨鸡、辘轳锤、鱼肚煨火腿、鲨鱼皮鸡汁羹、

茶台茗叙

血粉汤、一品级汤饭碗。第二份，二号五簋碗十件——鲫鱼舌烩熊掌、米糟猩唇、猪脑、假豹胎、蒸驼峰、梨片伴蒸果子狸、蒸鹿尾、野鸡片汤、风猪片子、风羊片子、兔脯奶房签、一品级汤饭碗。第三份，细白羹碗十件——猪肚假江瑶鸭舌羹、鸡笋粥、猪脑羹、芙蓉蛋、鹅肫掌羹、糟蒸鲥鱼、

驼峰

假斑鱼肝、西施乳、文思豆腐羹、甲鱼肉片子汤、玺儿羹、一品级汤饭碗。第四份，毛血盘二十件——炙哈尔巴小猪仔、油炸猪羊肉、挂炉走油鸡、鹅、鸭、鸽、猪杂什、羊杂什、燎毛猪羊肉、白煮猪羊肉、白蒸小猪仔、小羊子、白面饽饽卷子、什锦火烧、梅花包子。第五份，洋碟二十件，热吃劝酒二十味，小菜碟二十件，枯果十彻桌，鲜果十彻桌。所谓满汉席也。”这是在目前研究者所见到的满汉全席菜单中，年代最早而且内容最为完整的一份文字资料。

通观全书，可以知道这是一份服侍乾隆南巡的“六司百官”饮宴的“满汉席”食单，共五份一百三十四道菜，是由“上买卖街前后寺观”的“大厨房”所制作的。据该书记载，买卖街是乾隆南巡驻跸扬州期间为便利扈从的官兵购买粮草而设的聚商贸易场地。这条街距大营有一里左右的距离，分为上下买卖街。该书还提到，乾隆在扬州的行宫有四处，分别是天宁寺、焦山、金山和高晃寺。行宫内除了有御花园，还有专门服侍乾隆御膳的地方，称为“茶膳房”“进膳门”等。上面提到的满汉席，明确指出是由大厨房制作，所以这种满汉席应该不是供皇帝享用而是专为百官食用

人参果

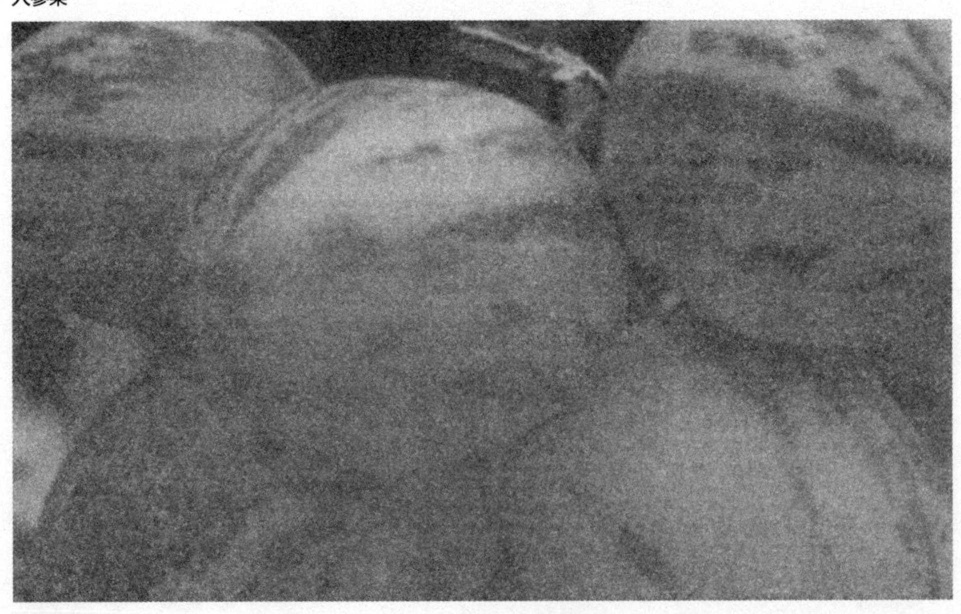

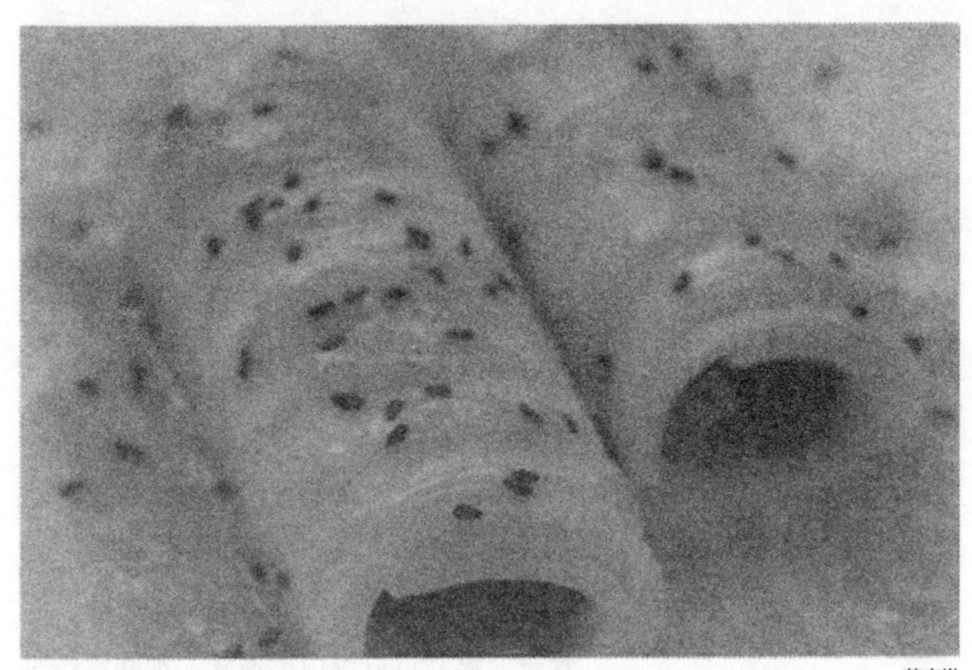

芝麻卷

的宴席，将涉及皇帝御膳与百官饮宴的地方冠以不同的称谓，这也是当时等级制度的一种反映。“六司百官”在这里应该是泛指随从乾隆南巡的文武大臣。据记载，乾隆南巡时，随从的王公大臣有二千五百多人。这么多人同时用餐饮宴，所需的大厨房和厨师的数目当然也不会少。从中国古代宴席史的角度来分析这份“满汉席”菜单，我们会发现它的宴席格局和菜点构成，是在继承汉唐以来的珍食及宴席格局的基础上，充分吸收了江浙地区的饮食风俗而形成的。

在用料上，它集中了当时社会公认的珍

红烧鹿尾

食于一席。可以说山珍海味，水陆珍馐是应有尽有。其中最引人注意的是早在汉唐时即被称作“八珍”的熊掌、猩唇、豹胎、驼峰、果子狸等。猩唇在战国时期就享有“肉之美者，猩猩之唇”的美誉（《吕氏春秋·本味篇》）。唐代诗人李贺更有“郎食鲤鱼尾，妾食猩猩唇。莫指襄阳道，绿浦归帆少”的诗句,说明猩唇在古代一直是备受珍视。关于驼峰,唐代诗人杜甫有这样的赞颂:“紫驼之峰出翠釜，水精之盘行素鳞。犀著厌饫久未下，鸾刀缕切空纷纶。黄门飞鞚不动尘，御厨络绎送八珍。”反映了驼峰在唐代是颇受喜爱的宫廷美食。陆产中的鹿尾，在古代既是汉菜的珍贵原料，又为满族及其先世所崇尚。鹿尾，南北朝萧梁时的刘孝仪曾说："邺中（今南京）鹿尾，乃酒肴之最。乾隆年间江浙的严文端公品味，以鹿尾为第一。"燕窝、鱼翅、海参、鳖鱼皮等海味，早在明代就已是大江南北宴席的桌上佳肴。比如燕窝，自明朝中叶以来，身价日增，叶梦珠在《阅世编》中记载道："燕窝菜，予幼时（明崇祯年间）每斤价银八钱，然犹不轻用。清顺治初，价亦不甚悬绝也。其后渐长，竟至每斤纹银四两，是非大宾严席，不轻用矣。"即使在现在，燕窝也是滋补的极品。

在菜点构成上，这个由五份珍肴构成的

鱼翅

满汉席，前三份具有浓郁的江浙风味。大多是由南方盛产的珍珠菜、淡菜、细鱼、螃蟹和风肉等为主料制成，在与《扬州画舫录》同时期的《随园食单》中记载了当时很多名菜详细的制作方法，如珍珠菜的做法是将珍珠菜择洗干净，再用鸡汤煨。淡菜的做法："淡菜煨肉，加汤颇鲜。取肉去心，酒炒亦可。"风肉的制法："杀猪一口，斩成八块，每块炒盐四钱，细细揉搓，使之无微不到。然后高挂有风无日处。偶有虫蚀，以香油涂之，夏日取用，先放水中泡一宵再煮，水亦不可太多太少，以盖肉面为度。削片时，用快刀横切，不可顺肉丝而斩也。此物惟尹府至精，常以进贡。今徐州风肉不及，亦不知何故。"果子狸："鲜者难得。其腌干者，用蜜酒酿蒸熟，快刀切片上桌。先用米泔水泡一日，去尽盐秽。较火腿觉嫩而肥。"蘑菇煨鸡："口蘑菇四两，开水泡，开去砂，用冷水漂，牙刷擦，再用清水漂四次。用菜油二两，泡透，加酒喷。将鸡斩块放锅内，滚去沫，下甜酒、清酱，煨至八成熟，下蘑菇，再煨少顷，加笋、葱、椒起锅，不用水，加冰糖三钱。"此外还有一些很典型的扬州菜，如文思豆腐羹等。

珍珠菜

狮峰龙井

李斗介绍说：“文思豆腐羹是扬州天宁寺西园枝上村僧人文思创制的。文思字熙甫，工诗善识，人有鉴虚惠明之风，一时乡贤寓公皆与之友。又善为豆腐羹、甜浆粥，至今效其法者谓之文思豆腐。”

为此书作序的袁枚，在《随园食单》中写道：“满洲菜多烧煮，汉人菜多羹汤。”分析这份席单我们可以看到，第四份菜肴较前三份相比，北方和满洲烹调色彩更明显一些。席单中的燎毛猪羊肉、白煮猪羊肉、白煮小猪仔、小羊仔等，都是典型的满洲菜。第四份中的“白面饽饽”也应该指的是以白面为皮的“满洲饽饽”。对这种饽饽的做法，

燕窝

同时期的《醒园录》中有详细记载：做满洲饽饽法：外皮，每白面一斤，配猪油四两、滚水四两搅匀，用手揉至越多越好。内面：每白面一斤，配猪油半斤（如觉干些，当再加油），揉极熟，总以不硬不软为度。将前后二面合成一块揉匀，摊开包馅（即核桃肉等类），入炉熨熟……或用好香油和面更妙。其应用分量轻重与猪油同。

不可忽视的一点是，在肴馔的安排上，这份满汉席菜单和当时江浙地区的官场宴席有异曲同工之处。比如席单中的第一份肴馔，用料多为海鲜，其顺序是：燕窝、海参、鲜蛏、海带、鲍鱼、淡菜、鱼翅、鱼肚等，

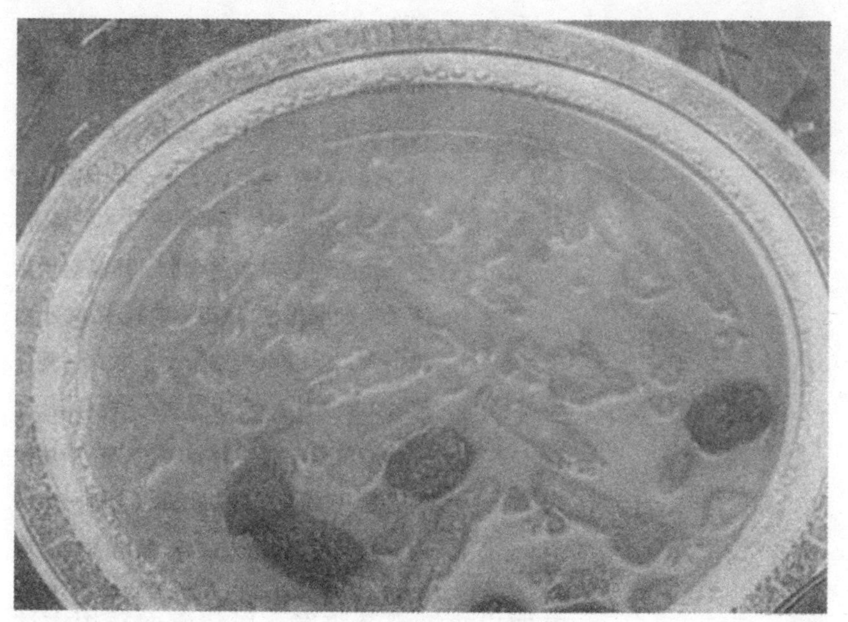

一品官燕

这与袁枚同时期的《随园食单》“海鲜单”中的“燕窝、海参、鱼翅、鳆鱼(鲍鱼)、淡菜”等的排列顺序极为相似，这不太可能只是偶然的巧合，而应该是受到当时这一地区流行的官场饮宴习俗的影响。

在宴席的整体布局上，通观全席，可以看出，这份满汉席采取的是海鲜→古八珍→时鲜→满洲菜→酒菜→小菜→果桌的顺序。从第一份到第五份，装菜的器皿也随着肴馔的变换而由大到小，即由碗到盘再到碟的用法。关于这种宴席格局，叶梦珠所编的记载明末清初江浙风物的《阅世编》为我们提供了很有价值的参考资料：“肆筵设席，吴下向来丰盛。缙绅之家，或宴官长，一席之间，水陆珍馐，多至数十品。即士庶及中人之家，新亲严席，有多至二三十品者，若十余品则是寻常之会矣。然品必用木漆果山如浮屠样，蔬用小瓷碟添案，小品用攒盒，俱以木漆架架高，取其适观而已。即食前方丈，盘中之餐，为物有限。崇祯初始废果山碟架，用高装水果，严席则列五色，以饭盂盛之。相知之会则一大瓯而兼间数色，蔬用大饶碗，制渐大矣。顺治初，又废攒盒而以小瓷碟装添案，废饶碗而蔬用大冰盘，水果虽严席，亦止用二大瓯。旁列绢装八仙，或用雕漆嵌金小屏风于案上，介

红豆膳粥

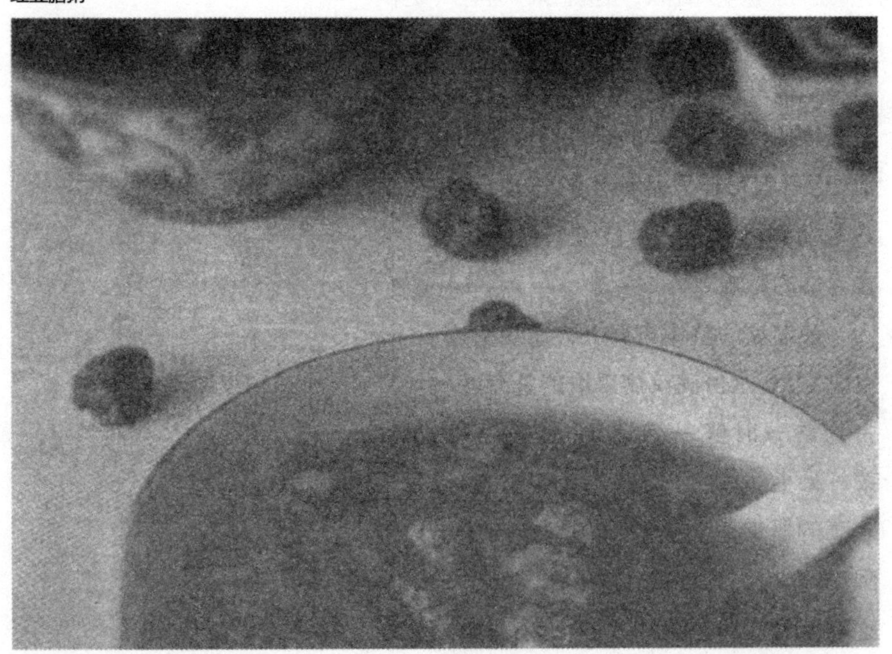

栗子糕

于水果之间，制亦变矣。苟非地方官长，虽新亲贵游，蔬不过二十品，若寻常宴会，多则十二品，三四人同一席，其最相知者即只六品亦可，然识者尚不无太侈之忧。及顺治季年，蔬用宋式高大酱口素白碗而以冰盘盛添案，三四人同一席，庶为得中。然而新贵客仍用专席，水果之高，或方或圆，以极大瓷盘盛之，几及于栋，小品添案之精巧，庖人一工，仅可装三四品，一席之盛，至数十人治庖，恐亦大伤古朴之风也。”这段文字虽然只有区区几百字，却把明代崇祯到清代顺治再到康熙初年的三十多年间江浙宴席格

片皮乳猪

局的演变情况，详细且清晰地描绘出来了。虽然作者叶梦珠在乾隆朝时已去世，没能记下康熙朝后乾隆年间的江浙的宴席情况，但和上面李斗记下的这份“满汉席”做一对照，我们依然可以看出乾隆年间扬州“满汉席”的布局情况。

乾隆时扬州的这种满汉席，水陆珍馐无奇不有，在当时可谓豪华之至，尤其是规模之宏大，无与伦比。周代的八珍席，只有六菜二饭而已；《礼记》所载的春秋战国时期“陈馈八簋，味列九鼎”的王公贵族的筵宴，也不过由三十多种菜品组成；历史上著名的唐中宗烧尾宴，是韦巨源拜尚书左仆射后向唐皇奉献的大席，菜点也只有八十余种。规模能超过满汉全席的，只有《武林旧事·高宗幸张府节次略》所记载的清河郡王张俊在家中宴请宋高宗赵构的御宴，全席一共二百五十道菜点，但其中鲜干果品就占了一半。实际上也不能和这道席单相媲美。但是，菜品多不一定都味美，排场大也未必能显其高贵。袁枚正是持这种看法，他对这种宴席的布局做过如下评论：“令人慕‘食前方丈’之名，多盘迭碗，是以目食，非口食也。不知名手写字，多则必有败笔；名人作诗，烦则必有累句。极名厨之心力，一日之中，所做好菜，不过四五味耳，尚难拿准，况拉杂横陈乎……余尝过一商家，上菜三撤席，点心十六道，共算食品，将至四十余种。主人自觉欣欣得意，而我散席还家，仍煮粥充饥。可想见其席之丰而不括矣，南朝孔琳之曰：‘今人好用多品，适口之外，皆为悦目之资。’余以为肴馔横陈，熏蒸腥秽，目亦无可悦也。”对其中的一些菜肴，袁枚也提出了自己的看法，如对于宴席的第一道菜“燕窝鸡丝汤”，袁枚就说：“燕窝至清，不可以油腻杂之，是吃鸡丝、肉线，非吃燕窝也。”相比于他

鹿筋

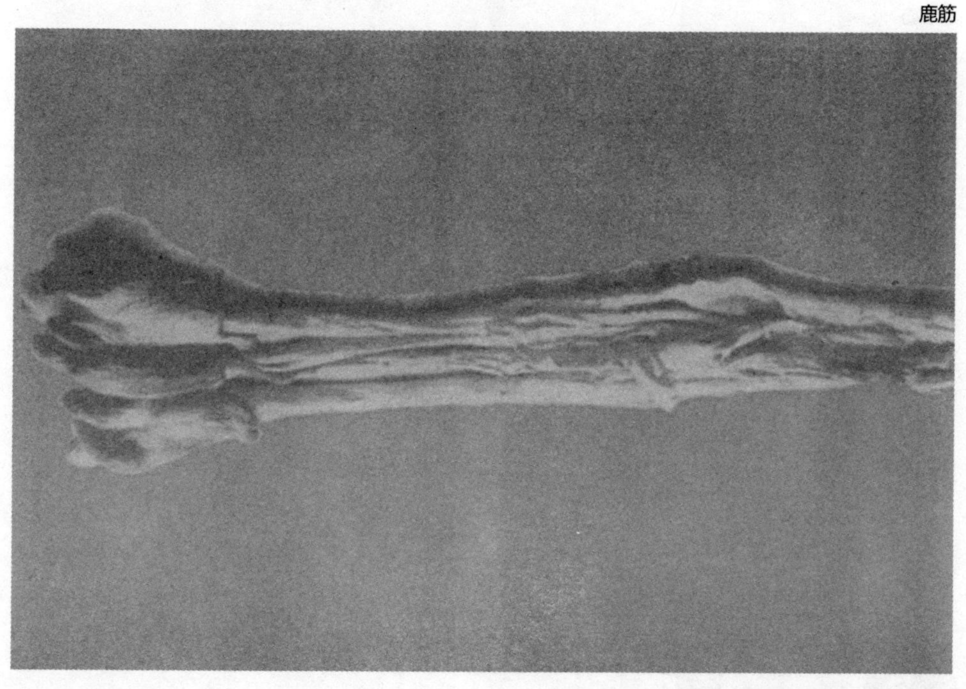

所欣赏的粤东杨明府家的“冬瓜燕窝”，可谓是差之矣。对于“鱼翅螃蟹羹”，他也认为：“见俗厨从中往螃蟹羹加鸭舌，或鱼翅，或海参者，徒夺其味，而惹其猩恶，劣极矣！”现在看袁枚对这些菜的见解是比较客观的。

上面介绍的满汉席虽然是为随同乾隆南巡的百官所食用，但是与此同期在江浙的其他地方，也流行满汉席。《啸亭杂录》中载：“怀柔郝氏，膏腴万顷，纯庙（乾隆）尝驻跸其家，进奉上方水陆珍错百余品，王公近侍及舆抬奴隶，皆供食馔，一日之餐，费至十余万”。可以想见，郝氏

煨鹿筋

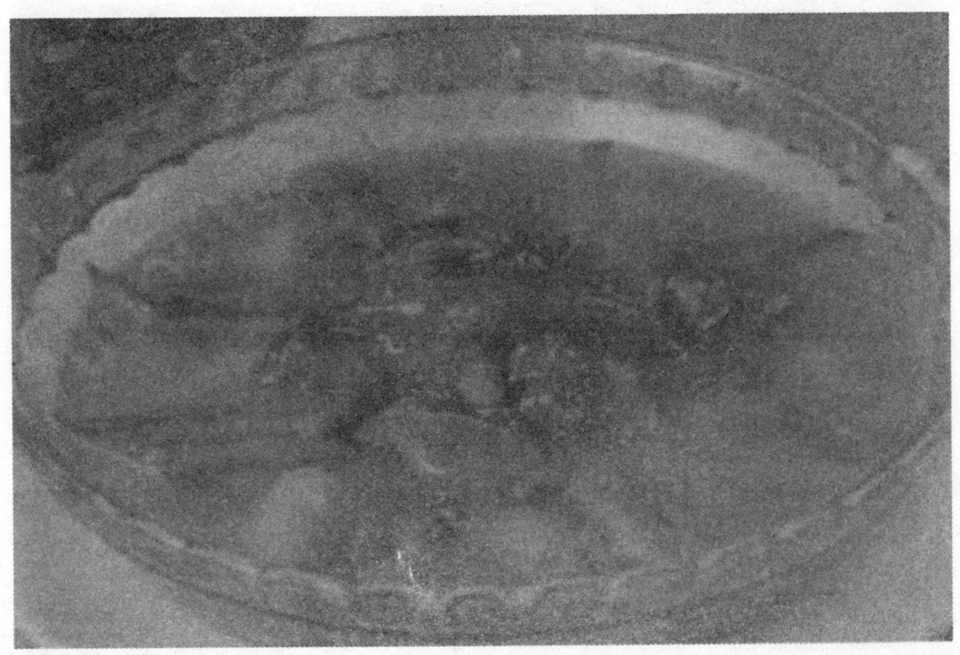

能将乾隆请入家中赴宴，是件光宗耀祖的盛事，因此他不惜巨资，在饮宴上做到满、汉肴馔并陈，以博乾隆的进食逸兴。另外还有专门为“新亲上门，上司入境”而设的满汉席，袁枚在《随园食单》中说：“今官场之菜……有满汉席之称……用于新亲上门，上司入境”。到了晚清时期，满汉全席已在我国一些经济发达的大城市广为流传，由于各地条件的限制，原料及技术的缺乏，许多菜肴无法制作，许多官员和商家只能吸收当地民间筵宴的精华，来保证宴席的数量和规模，这使得满汉全席不断出现分化。最开始主要有南派和北派之分。满汉席的菜品差别不是太大，区别主要在于汉席。北派汉席以孔府菜为主，南派汉席以扬州菜为主。民国初期，对皇家宫廷文化的向往和好奇以及夸富心理的存在，使得一部分人疯狂追捧满汉全席。这进一步推动了满汉全席的发展，使满汉全席变得更是五花八门，产生了“大满汉”“小满汉”“新满汉”等不同格局的宴席。饮宴品尝时，有分成全日三餐品尝的，也有分两日四席的，还有的需要整整三日才能结束。大满汉和小满汉主要流行于民国初年的京津地区，大满汉全席共有菜点一百零八品，

炸鹌鹑

豌豆黄

通常是两人四餐吃完，小满汉全席有菜点六十四品，在一日内用尽。就菜品而言，大、小满汉全席以鲁菜和满菜为主，扬州菜为辅。就地域风格而言，比较有代表性的是晋式、鄂式、川式、苏式和粤式满汉全席。晋式满汉全席从清末民初开始流行于山西，有菜点一百二十四品，除了一部分满族菜以外，大部分是地道的山西菜。如过油肉、栗子炒大葱、三丝鱼翅、长治腊牛肉等。鄂式满汉全席在民国时流传于湖北，是按照满汉全席的程式制作的全鱼宴，有浓郁的湖北地方特色。川式满汉全席共有菜点八十四品，其中满族菜品二十道，满族风味点心五道，汉族菜品四十道，汉族风味

夫妻肺片

点心十九道。汉菜中家畜、家禽、蔬菜占的比重较大，含家畜、家禽的冷热菜肴多达十九道，蔬菜的品种达十一种，菜肴的烹调技法多以炒、烧见长，这是四川满汉全席的突出特点，饶有名气的夫妻肺片、豆瓣鲫鱼、罐儿仔鸡、奶汤鲍鱼、蒜泥白肉拼棒棒鸡丝、皇冠干贝、虫草鸭子都位列其中。江苏菜系的特点是原料以水产为主，烹调方法多样，尤其擅长炖、焖、煨、焐，烹制原料常采用清炒、清蒸、精炖、白汁，因此菜肴多为羹汤。苏式满汉全席正具有以上特点，除了必有的山珍海味外，螃蟹、鲫鱼、斑鱼肝、西施乳、甲鱼等江苏特产也都是苏式满汉全席的原料。有些菜肴至今仍是江苏菜中的名品，如西施乳（河豚鱼的脂）、文思豆腐、广肚乳鸽、干烧网鲍鱼、莲子蓉方脯等。粤菜擅长点心制作，其美味堪称中国一绝，所以广式满汉全席菜单中点心占了不小的比重，品种之多让人目不暇接。广东人喜爱用独创的调味品蚝油来烹制菜肴，满汉全席中有一道名菜就是“蚝油鲜菇”。除了包含广式传统菜点，广式满汉全席的一些菜品在烹调上吸收了不少西式做法，“鲜奶苹果露”就是由西点演化而来的，很受人们的欢迎。各地满汉全席除具有当地饮食特色外，在流传的过程中也互相影

喇嘛糕

金糕卷

响。如川式满汉全席中的金丝山药是受北方名菜“拔丝山药”的影响。粤式满汉全席中的“京都熏鱼”引用的是北京的做法。广式满汉全席中的“金陵片皮鸭”明显采用的是南京的烹制方法。

拔丝山药

满汉全席

20世纪60年代，随着香港地区商业和服务业的迅速发展，一些外国游客对中国传统饮食文化充满好奇，尤其是对集满族与汉族菜点精品为一体的中华大席——满汉全席向往不已，这也为满汉全席的重出江湖拉开了序幕。1965年，香港金龙酒家应日本旅游团的要求，率先尝试以传统方式制作了满汉全席，这次席单上共有

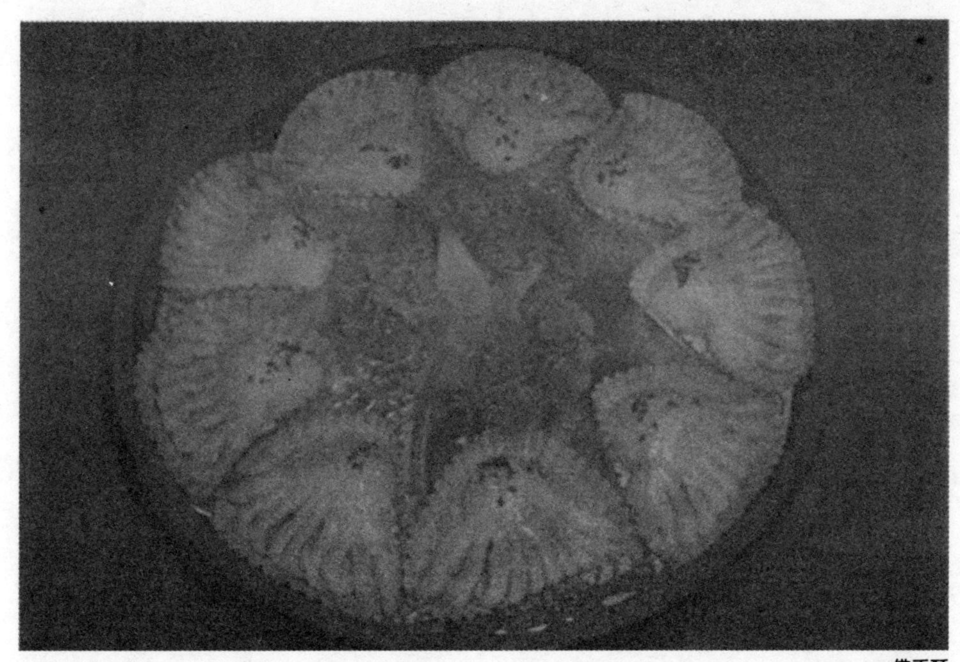

佛手酥

七十二道菜肴。此后，满汉全席的热潮席卷了香港饮食界，并影响了泰国、新加坡、日本等国家，各个地区的商家纷纷结合当地的菜品与饮食特点承办满汉全席。他们不仅在菜肴的名目上立异出新，在宴席礼仪、宴会设施、餐具等方面也都结合当地的饮食文化做了相应的调整。从 1975 年开始，北京仿膳饭庄和颐和园听鹏馆开始承办这一巨型宴会。改革开放后，随着内地经济的迅猛发展，人们的生活水平逐渐提高，一些先富起来的人带头掀起了新一轮的满汉全席热。辽宁、山东、四川、江苏、广东等地的大饭店相继开始承办满汉全席。目前，仅北京就有北海

北海仿膳饭庄

仿膳饭庄、仿膳饭庄正阳门分号、仿膳饭庄东单分号、仿膳饭庄贡院分号、颐和园听鹏馆、听鹏馆久凌分店、听鹏馆马甸分店、安定门外汇珍楼、颐和园如意饭庄、昌平宫廷大酒店、北海御膳外厅、西城白孔雀膳楼、天坛御膳饭店等十三家饭店承办满汉全席。仿膳饭庄的仿膳菜以选料考究、制作精细、色型美观、口味清淡、注重营养而备受赞誉。沈阳的御膳酒楼和新世界大酒楼在制作满汉全席方面也很有名气。

豆瓣鲫鱼

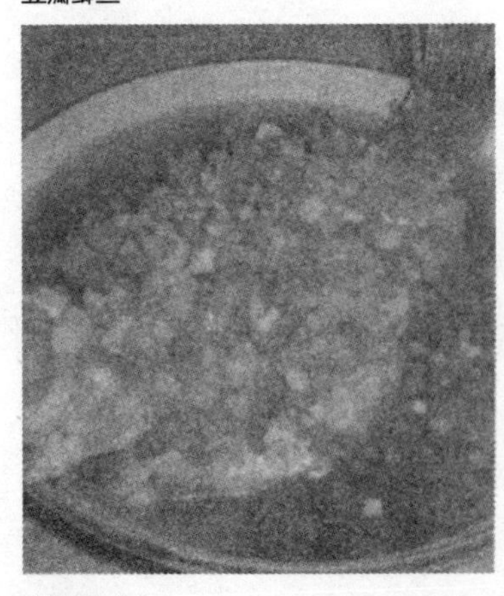

综上所述，我们可以说，满汉全席虽然兴起于宫廷，却在民间发扬光大。

四　满汉全席宴请过程及典型宴席菜谱

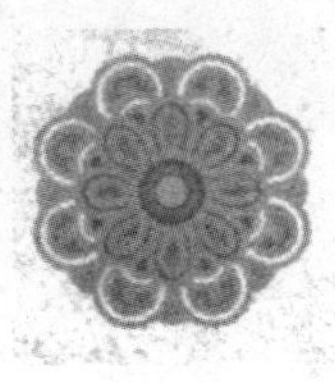

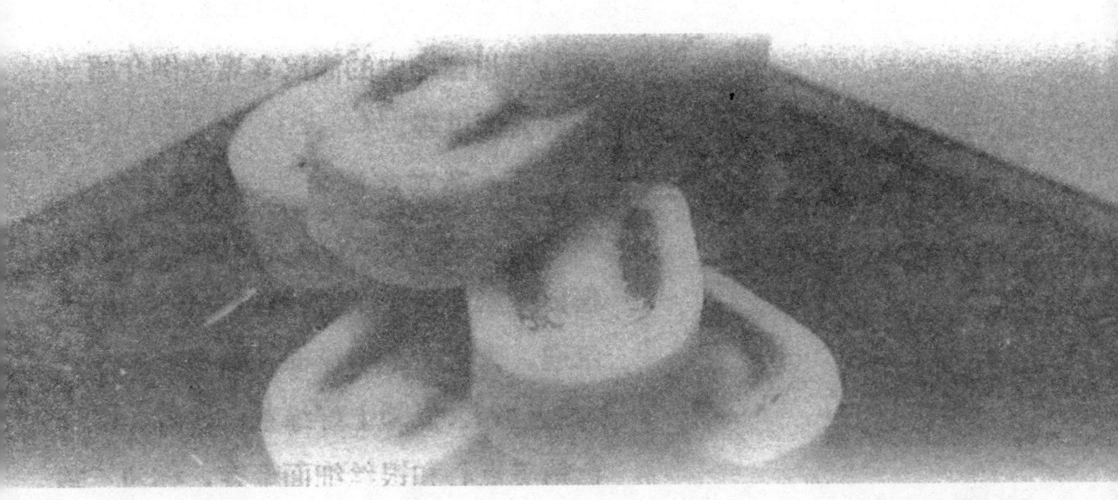

银丝面

“满汉全席”作为隆重丰盛的宴席，其规格等级、排场礼仪也都格外讲究。下面以四川官场中的满汉宴席为例介绍一下其宴请过程。

凡受邀宾客都要按制排列座次，顶戴朝珠，身着公服入席。“满汉全席”的进餐程序繁多而复杂，凡宾客至，即奏细乐示迎，先送上毛巾净面，随后送上香茗（茶盅虽大，但为上好绿茶），接着便以四色精美点心和银丝细面奉客，称为“到奉”。吃罢“到奉”，便开始“茗叙”。沏好茶，奉上瓜杏手碟（即瓜子、杏仁对镶在碟里，供随时用手取食），这时，客人可以弈棋、吟诗、作画或随意交谈。等宾客到齐后，由主客请各位宾客“更衣”或换便服入席。所设席桌和入席的先后顺序，都要严格按照职位顶戴、朝珠公服划分，待役人员分别恭立席后，职司各位大人的饮食情况，随时示意位列下席的府县官员敬酒上菜。此时，酒席台面已经摆好，有四生果(即鲜橙、甜柑、柚子、苹果)、四京果（即红瓜子、炒杏仁、荔枝干、糖莲子)、四看果(即用木瓜或沙葛雕成如甜橙、杨桃、苹果、雪梨等鲜果状的物品，在冬季或春季设宴时，由于季节、运输和冷藏条件有限，不能提供时令鲜果，所以制成水果状作为摆设）。宾客入座后，先将鲜果削皮献上，再上四冷荤喝酒，继上四热荤。酒过三巡，上大菜鱼翅。

干果

满汉全席彰显了皇室的尊贵

然后撤去碟碗，献香巾擦脸。之后再上第二度的双拼、热荤。小歇，又献一次香巾，接着再上第三度、第四度菜点。第四度之后，第五度上饭菜、粥汤。食毕，用一个精致的小银托盘，盛牙签、槟榔供宾客使用，再上一遍洗脸水，叫做“槟水”。至此，宴席宣告结束。整个宴席过程中要换三次“台面”，碗盏家什三套。自入席至食毕，上“八大菜”前换一次“台面”；食至“八中碗”的“全丝山药”菜时，上“茶点”；待“八大菜”上到第六菜时，又上“中点”；“八大菜”上齐后，再上“席点”（其中“桐州软饼”“芝麻烧饼”不上）。食过后，又换一次“台面”，由位居下席的府县官员依次到各席请大人“升位”，把席面抬出，重新更换桌面安好；又由府县官员依次请各位大人“得位”（所谓“升位”“得位”，是清代官场中比喻“升官”“得官”的吉利话）。坐定之后，上“烧烤”的同时，上“桐州软饼”“芝麻烧饼”；食毕点心，再换一次“台面”，仍由下席官员请各位大人“升位”“得位”，直至宴席结束。

芝麻烧饼

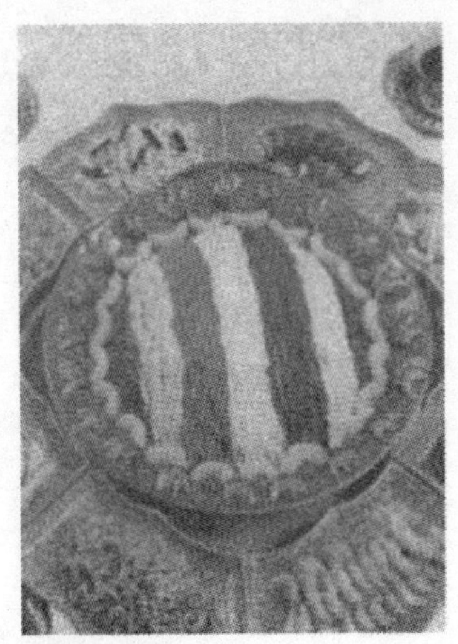
蒙古亲潘宴

全席共十三桌，席次如下：

首席，钦差大臣（无钦差时也同样设此一席）；一席，正主考；二席，副主考；三席，学院；四席，总督；五席，将军；六席，军门；七席，布政使；八席，按察使；九席，成绵道；十席，盐茶道；十一席，都统；十二席，成都府、成都县、华阳县。

（一）满汉全席之蒙古亲潘宴

蒙古亲潘宴是清朝皇帝为了招待与皇室联姻的蒙古亲族所设的御宴。一般在正大光明殿设宴，由满族一、二品大臣作陪。历代皇帝对这类宴会都很重视，每年都会循例举行。受宴的蒙古亲族更是视能参加此宴为大福，对皇帝在宴中所例赏的食物十分珍惜。《清稗类钞·蒙人宴会之带福还家》一文中记载道：“年班蒙古亲王等入京，值颁赏食物，必之去，曰带福还家。若无器皿，则以外褂兜之，平金绣蟒，往往汤汁所沾，淋漓尽，无所惜也。”

蒙古亲潘宴席单：

茶台茗叙：古乐伴奏、满汉侍女、敬献白玉奶茶

到奉点心：茶食刀切、杏仁佛手、香

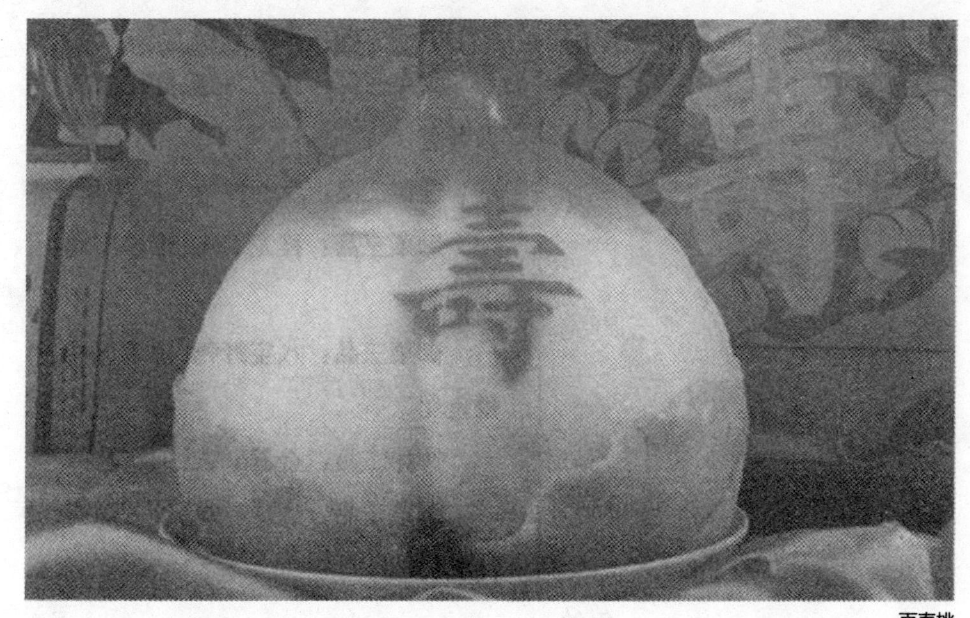

百寿桃

酥苹果、合意饼

攒盒一品：龙凤描金攒盒龙盘柱（随上干果蜜饯八品）

四喜干果：虎皮花生、怪味大扁、奶白葡萄、雪山梅

四甜蜜饯：蜜饯苹果、蜜饯桂圆、蜜饯鲜桃、蜜饯青梅

奉香上寿：古乐伴宴、焚香入宴

前菜五品：龙凤呈祥、洪字鸡丝黄瓜、福字瓜烧里脊、万字麻辣肚丝、年字口蘑发菜

饽饽四品：御膳豆黄、芝麻卷、金糕、枣泥糕

酱菜四品：宫廷小黄瓜、酱黑菜、糖蒜、腌

水芥皮

敬奉环浆：音乐伴宴、满汉侍女敬奉、贵州茅台

膳汤一品：龙井竹荪

御菜三品：凤尾鱼翅、红梅珠香、宫保野兔

饽饽二品：豆面饽饽、奶汁角

御菜三品：祥龙双飞、爆炒田鸡、芫爆仔鸽

御菜三品：八宝野鸭、佛手金卷、炒墨鱼丝

饽饽二品：金丝酥雀、如意卷

御菜三品：绣球干贝、炒珍珠鸡、奶汁鱼片

御菜三品：干连福海参、花菇鸭掌、五彩牛柳

饽饽二品：肉末烧饼、龙须面

烧烤二品：挂炉山鸡、生烤狍肉、随上荷叶卷、葱段、甜面酱

御菜三品：山珍刺龙芽、莲蓬豆腐、草菇西兰花

膳粥一品：红豆膳粥

水果一品：应时水果拼盘一品

告别香茗：信阳毛尖

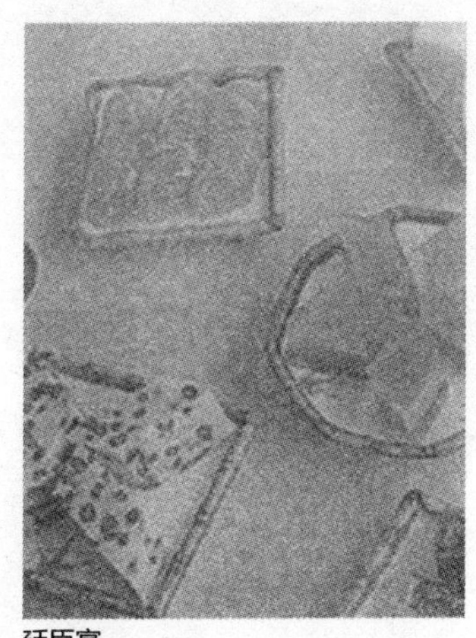

廷臣宴

（二）满汉全席之廷臣宴

廷臣宴于每年上元后一日即正月十六日举行，是时由皇帝亲点大学士、九卿中有功勋者参加，固兴宴者荣殊。一般于奉三无私殿设宴，宴时循宗室宴之礼，皆用高椅，赋诗饮酒，每岁循例举行。蒙古王公等也都参加。皇帝借此施恩来笼络属臣，同时又是对廷臣们功禄的一种肯定形式。

廷臣宴席单：

丽人献茗：狮峰龙井

干果四品：蜂蜜花生、怪味腰果、核桃蘸、苹果软糖

蜜饯四品：蜜饯银杏、蜜饯樱桃、蜜饯瓜条、蜜饯金枣

饽饽四品：翠玉豆糕、栗子糕、双色豆糕、豆沙卷

酱菜四品：甜酱萝葡、五香熟芥、甜酸乳瓜、甜合锦

前菜七品：喜鹊登梅、蝴蝶暇卷、姜汁鱼片、五香仔鸽、糖醋荷藕、泡绿菜花、辣白菜卷

膳汤一品：一品官燕

御菜五品：砂锅煨鹿筋、鸡丝银耳、桂花鱼条、八宝兔丁、玉笋蕨菜

饽饽二品：慈禧小窝头、金丝烧卖

御菜五品：罗汉大虾、串炸鲜贝、葱爆牛柳、蚝油仔鸡、 鲜蘑菜心

饽饽二品：喇嘛糕、杏仁豆腐

山珍刺五加 清炸鹌鹑、红烧赤贝

饽饽二品：茸鸡待哺、豆沙苹果

御菜三品：白扒鱼唇、红烧鱼骨、葱烧鲨鱼皮

烧烤二品：片皮乳猪、维族烤羊肉、随上薄饼、葱段、甜酱

膳粥一品：慧仁米粥

水果一品：应时水果拼盘一品

告别香茗：珠兰大方

廷臣宴

（三）满汉全席之万寿宴

万寿宴是清朝帝王的寿诞宴，也是内廷的大宴之一。后妃王公、文武百官，无

不以进寿献寿礼为荣。其间名食美馔不可胜数。如遇皇帝、太后等大寿，则庆典更为隆重盛大，会有专人专司来筹备宴会。衣物首饰，装潢陈设，乐舞宴饮一应俱全。光绪二十年十月初十日慈禧六十大寿，于光绪十八年就颁布上谕，寿日前月余，筵宴即已开始。仅事前江西烧造的绘有万寿无疆字样和吉祥喜庆图案的各种釉彩碗、碟、盘等瓷器，就达二万九千一百七十余件。整个庆典耗费白银近一千万两，其寿宴奢华在中国历史中屈指可数。

鳜鱼

万寿宴席单：

丽人献茗：庐山云雾

干果四品：奶白枣宝、双色软糖、糖炒大扁、可可桃仁

蜜饯四品：蜜饯菠萝、蜜饯红果、蜜饯葡萄、蜜饯马蹄

饽饽四品：金糕卷、小豆糕、莲子糕、豌豆黄

酱菜四品：桂花辣酱芥、紫香干、什香菜、暇油黄瓜

攒盒一品：龙凤描金攒盒龙盘柱 随上

五香酱鸡 盐水里脊、红油鸭子、麻辣口条

桂花酱鸡 番茄马蹄、油焖草菇、椒油银耳

前菜四品：万字珊瑚白、寿字五香大虾、无字盐水牛肉、疆字红油百叶

膳汤一品：长春鹿鞭汤

御菜四品：玉掌献寿、明珠豆腐、首乌鸡丁、百花鸭舌

饽饽二品：长寿龙须面、百寿桃

御菜四品：参芪炖白凤、龙抱凤蛋、父子同欢、山珍大叶芹

饽饽二品：长春卷 、菊花佛手酥

御菜四品：金腿烧圆鱼、巧手烧雁鸢、桃仁山鸡丁、蟹肉双笋丝

饽饽二品：人参果、核桃酪

御菜四品：松树猴头蘑、墨鱼羹、荷

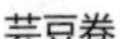

芸豆卷

煨猪蹄

叶鸡、牛柳炒白蘑

烧烤二品：挂炉沙板鸡、麻仁鹿肉串

膳粥一品：稀珍黑米粥

水果一品：应时水果拼盘一品

告别香茗：茉莉雀舌毫

（四）满汉全席之千叟宴

千叟宴始于康熙，盛于乾隆时期，是清宫中规模最大，与宴者最多的盛大御宴。康熙五十二年（1713 年）在阳春园第一次举行千人大宴，康熙帝即兴赋《千叟宴》诗一首，固得宴名。乾隆五十年（1785 年）于乾清宫举行千叟宴，与宴者三千人，即席用柏梁体选百联句。嘉庆元年正月再举千叟宴于宁寿宫皇极殿，与宴者三千零五十六人，即席赋诗三千余首。后人称谓千叟宴是“恩隆礼洽，为万古未有之举”。

千叟宴席单：

丽人献茗：君山银针

干果四品：怪味核桃、水晶软糖、五香腰果、花生蘸

蜜饯四品：蜜饯橘子、蜜饯海棠、蜜饯香蕉、蜜饯李子

饽饽四品：花盏龙眼、艾窝窝、果酱金糕、双色马蹄糕

酱菜四品：宫廷小萝卜、蜜汁辣黄瓜、桂花大头菜、酱桃仁

前菜七品：二龙戏珠、陈皮兔肉、怪味鸡条、天香鲍鱼、三丝瓜卷、虾籽冬笋、椒油茭白

膳汤一品：罐焖鱼唇

御菜五品：沙舟踏翠、琵琶大虾、龙凤柔情、香油膳糊肉丁、黄瓜酱

饽饽二品：千层蒸糕、什锦花篮

御菜五品：龙舟鳜鱼、滑溜贝球、酱焖鹌鹑、蚝油牛柳、川汁鸭掌

饽饽二品：凤尾烧卖、五彩抄手

御膳豆黄

御菜五品：一品豆腐、三仙丸子、金菇掐菜、溜鸡脯、香麻鹿肉饼

饽饽二品：玉兔白菜、四喜饺

烧烤二品：御膳烤鸡、烤鱼扇

野味火锅：随上围碟十二品

一品：鹿肉片、飞龙脯、狍子脊、山鸡片、野猪肉、野鸭脯、鱿鱼卷、鲜鱼肉

刺龙牙、大叶芹刺五加、鲜豆苗

膳粥一品：荷叶膳粥

水果一品：应时水果拼盘一品

告别香茗：杨河春绿

（五）满汉全席之九白宴

九白宴始于康熙年间。康熙初定蒙古外萨克等四部落时，这些部落为表示忠心，每年以九白为贡，

碧螺春

即白骆驼一匹、白马八匹，以此为信。蒙古部落献贡后，皇帝摆御宴招待使臣，称为“九白宴”。每年循例而行。后来道光皇帝曾为此作诗云：“四偶银花一玉驼，西羌岁献帝京罗”。

九白宴席单：

丽人献茗：熬乳茶

干果四品：芝麻南糖、冰糖核桃、五香杏仁、菠萝软糖

蜜饯四品：蜜饯龙眼、蜜饯菜阳梨、蜜饯菱角、蜜饯槟子

饽饽四品：糯米凉糕、芸豆卷、鸽子玻璃糕、奶油菠萝冻

酱菜四品：北京辣菜、香辣黄瓜条、甜辣干、

冰糖核桃

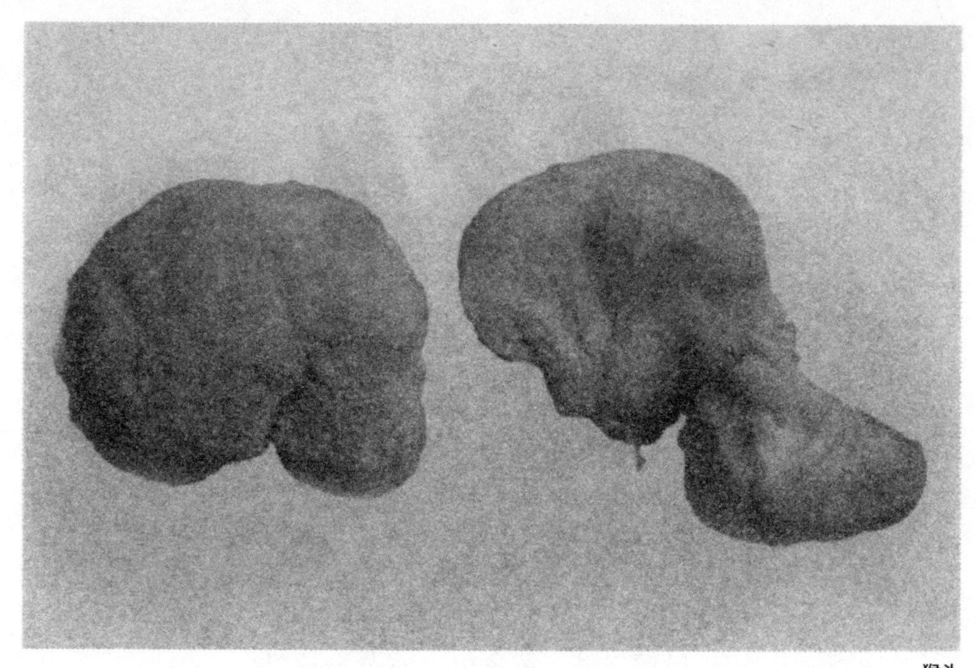

猴头

雪里蕻

前菜七品：松鹤延年、芥末鸭掌、麻辣鹌鹑、芝麻鱼、腰果芹心、油焖鲜蘑、

蜜汁番茄

膳汤一品：蛤什蟆汤

御菜一品：红烧麒麟面

热炒四品：鼓板龙蟹、麻辣蹄筋、乌龙吐珠、三鲜龙凤球

饽饽二品：木犀糕、玉面葫芦

御菜一品：金蟾玉鲍

热炒四品：山珍蕨菜、盐煎肉、香烹狍脊、湖米茭白

红烧海参

饽饽二品：黄金角、水晶梅花包

御菜一品：五彩炒驼峰

热炒四品：野鸭桃仁丁、爆炒鱿鱼、箱子豆腐、酥炸金糕

饽饽二品：大救驾、莲花卷

烧烤二品：持炉珍珠鸡、烤鹿脯

膳粥一品：莲子膳粥

水果一品：应时水果拼盘一品

告别香茗：洞庭碧螺春

（六）满汉全席之节令宴

节令宴是指清廷内部按固定的年节时令而设的筵宴。如元日宴、元会宴、春耕宴、端午宴、乞巧宴、中秋宴、

重阳宴、冬至宴、除夕宴等，皆按节次定规，循例而行。满族虽有其固有的食俗，但入主中原后，在满汉文化的交融中和统治的需要下，大量接受了汉族的食俗。又由于宫廷的特殊地位，食俗定规逐渐完善。其食风又与民俗和地区有着很大的联系，故腊八粥、元宵、粽子、冰碗、雄黄酒、重阳糕、乞巧饼、月饼等用具在清宫中一应俱全。

节令宴席单：

丽人献茗：福建乌龙

干果四品：奶白杏仁、柿霜软糖、酥炸腰果、糖炒花生

蜜饯四品：蜜饯鸭梨 、蜜饯小枣、蜜饯荔枝、蜜饯哈密杏

烤鸭

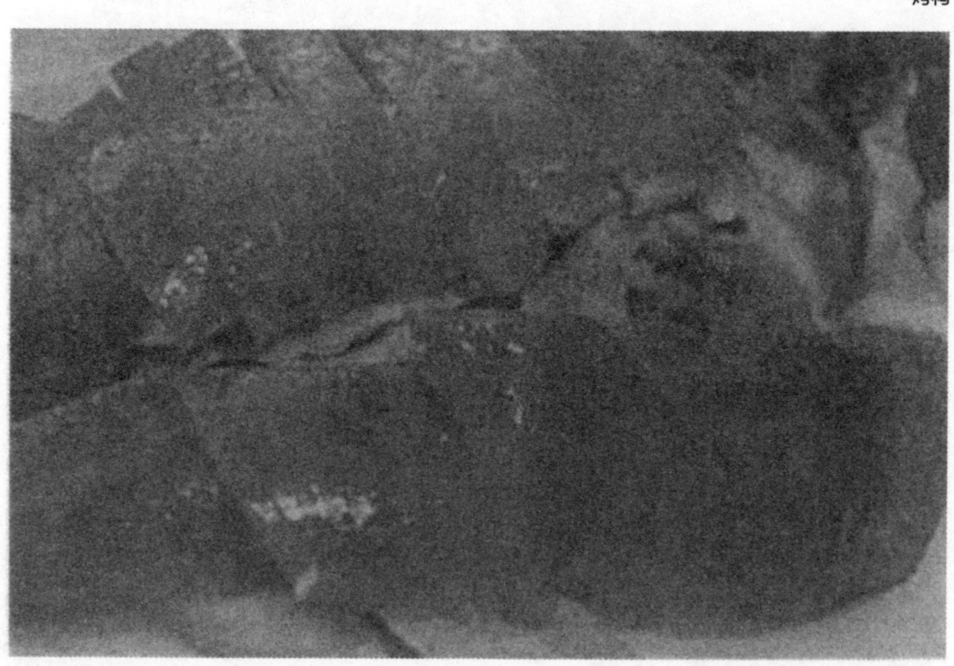

饽饽四品：鞭蓉糕 、豆沙糕、椰子盏、鸳鸯卷

酱菜四品：麻辣乳瓜片、酱小椒、甜酱姜牙、酱甘螺

前菜七品：凤凰展翅、熊猫蟹肉虾、籽冬笋 、五丝洋粉、 五香鳜鱼 、酸辣黄瓜、陈皮牛肉

膳汤一品：罐煨山鸡丝燕窝

御菜五品：原壳鲜鲍鱼、烧鹧鸪、芫爆散丹、鸡丝豆苗、珍珠鱼丸

饽饽二品：重阳花糕 、松子海罗干

御菜五品：猴头蘑扒鱼翅、滑熘鸭脯、素炒鳝丝、腰果鹿丁、扒鱼肚卷

饽饽二品：芙蓉香蕉卷、月饼

烤鸭

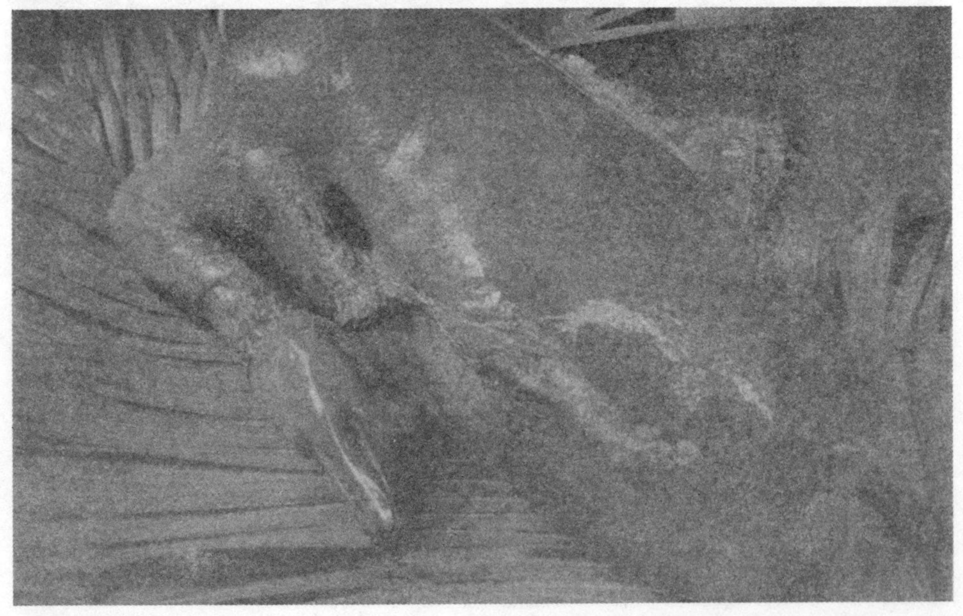

御菜五品：清蒸时鲜、炒时蔬、酿冬菇盒、荷叶鸡、山东海参

饽饽二品：时令点心、高汤水饺

烧烤二品：持炉烤鸭、烤山鸡、随上

薄饼、甜面酱、葱段、瓜条

萝葡条、白糖、蒜泥

膳粥一品：腊八粥

水果一品：应时水果拼盘一品

告别香茗：杨河春绿

烤乳猪

20世纪20年代，在北京和天津献艺的著名相声演员万人迷编了一段“贯口”词，罗列了大量菜名，名为“报菜名”，有人认为满汉全席之称最早是来自于这份报菜名菜单，这个说法仍待考证。报菜名菜单列举如下：

蒸羊羔、蒸熊掌、蒸鹿尾儿；

烧花鸭、烧雏鸡儿、烧仔鹅；

卤煮咸鸭、酱鸡、腊肉、松花、小肚儿、晾肉、香肠；

什锦苏盘、熏鸡、白肚儿、清蒸八宝猪、江米酿鸭子；

罐儿野鸡、罐儿鹌鹑、卤什锦、卤仔鹅、卤虾、烩虾、炝虾仁儿；

山鸡、兔脯、菜蟒、银鱼、清蒸哈什蚂；

腊八粥

烩鸭腰儿、烩鸭条儿、清拌鸭丝儿、黄心管儿；

焖白鳝、焖黄鳝、豆豉鲇鱼、锅烧鲇鱼、烀皮甲鱼、锅烧鲤鱼、抓炒鲤鱼；

软炸里脊、软炸鸡、什锦套肠、麻酥油卷儿；

熘鲜蘑、熘鱼脯儿、熘鱼片儿、熘鱼肚儿、醋熘肉片儿、熘白蘑；

烩三鲜、炒银鱼、烩鳗鱼、清蒸火腿、炒白虾、炝青蛤、炒面鱼；

炝芦笋、芙蓉燕菜、炒肝尖儿、南炒肝关儿、油爆肚仁儿、汤爆肚领儿；

炒金丝、烩银丝、糖熘饹炸儿、糖熘荸荠、蜜丝山药、拔丝鲜桃；

熘南贝、炒南贝、烩鸭丝、烩散丹；

清蒸鸡、黄焖鸡、大炒鸡、熘碎鸡、香酥鸡、炒鸡丁儿、熘鸡块儿；

三鲜丁儿、八宝丁儿、清蒸玉兰片；

炒虾仁儿、炒腰花儿、炒蹄筋儿、锅烧海参、锅烧白菜；

炸海耳、浇田鸡、桂花翅子、清蒸翅子、炸飞禽、炸葱、炸排骨；

烩鸡肠肚儿、烩南荠、盐水肘花儿、拌瓤子、炖吊子、锅烧猪蹄儿；

烧鸳鸯、烧百合、烧苹果、酿果藕、酿

烤乳猪

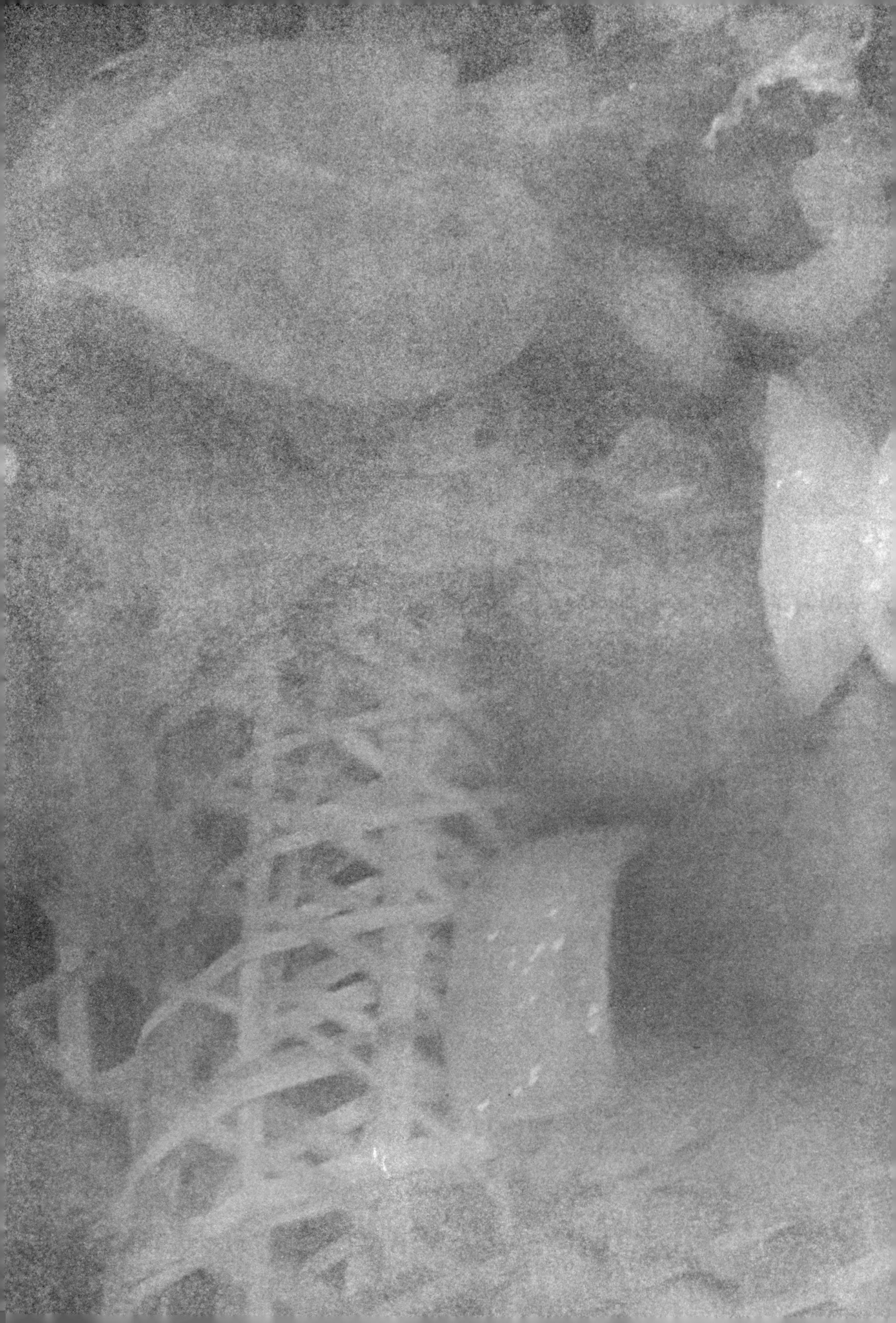

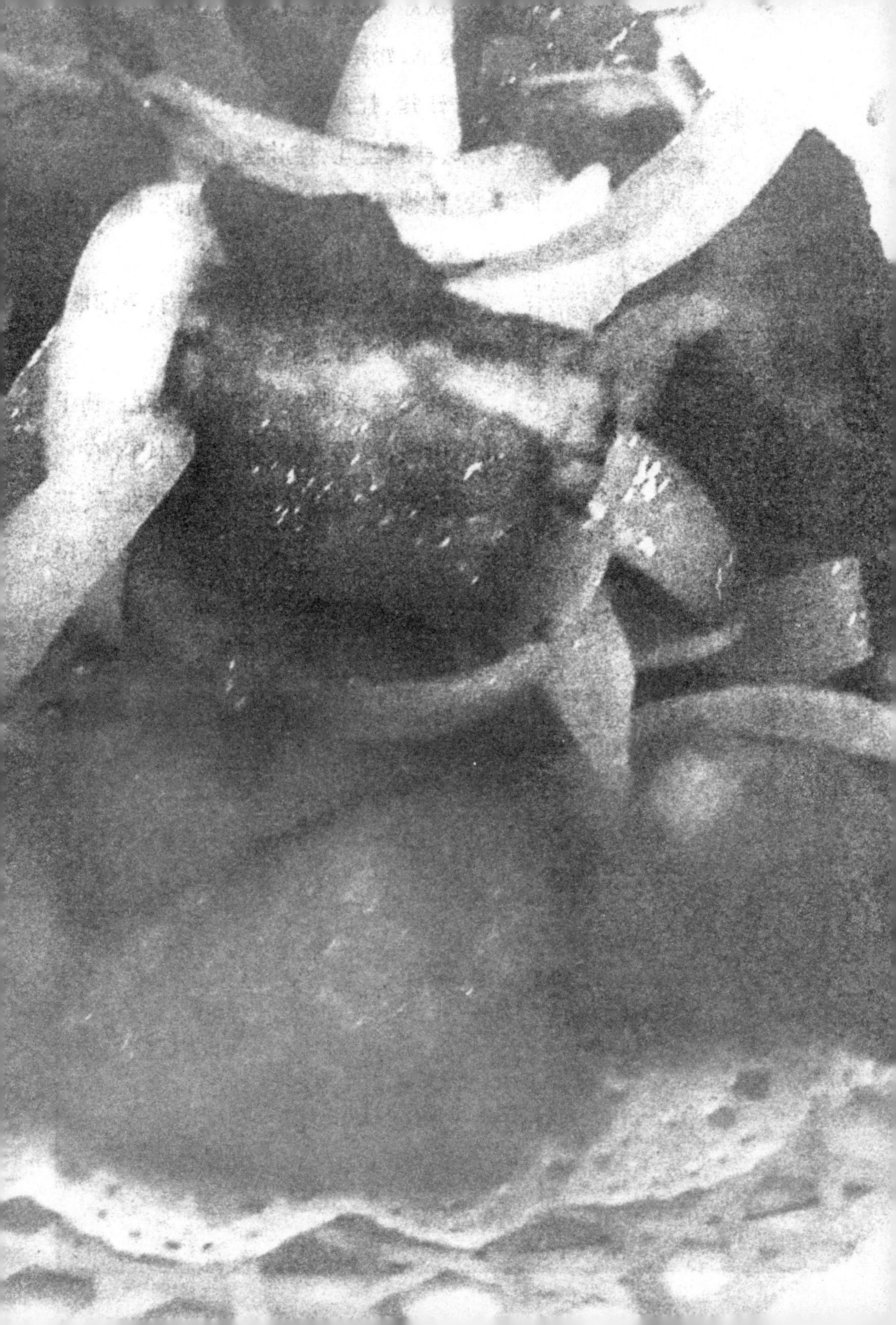

江米、炒螃蟹、氽大甲；

什锦葛仙米、石鱼、带鱼、黄花鱼、油泼肉、酱泼肉；

红肉锅子、白肉锅子、菊花锅子、野鸡锅子、元宵锅子、杂面锅子、荸荠一品锅子；

软炸飞禽、龙虎鸡蛋、猩唇、驼峰、鹿茸、熊掌、奶猪、奶鸭子；

杠猪、挂炉羊、清蒸江瑶柱、糖熘鸡头米、拌鸡丝儿、拌肚丝儿；

什锦豆腐、什锦丁儿、精虾、精蟹、精鱼、精熘鱼片儿；

熘蟹肉、炒蟹肉、清拌蟹肉、蒸南瓜、酿倭瓜、炒丝瓜、焖冬瓜；

鲍鱼

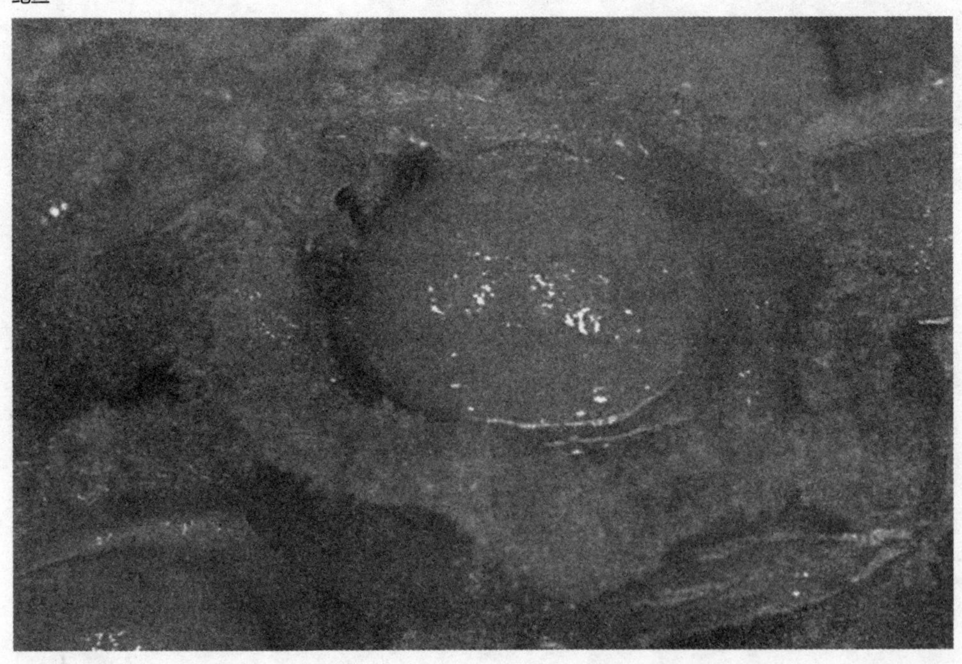

焖鸡掌、焖鸭掌、焖笋、熘茭白、茄干儿晒卤肉、鸭羹、蟹肉羹、三鲜木樨汤；

红丸子、白丸子、熘丸子、炸丸子、三鲜丸子、四喜丸子、汆丸子、葵花丸子、饹炸丸子、豆腐丸子；

红炖肉、白炖肉、松肉、扣肉、烤肉、酱肉、荷叶卤、一品肉、樱桃肉、马牙肉、酱豆腐肉、坛子肉、罐儿肉、元宝肉、福禄肉；

红肘子、白肘子、水晶肘、蜜蜡肘子、烧烀肘子、扒肘条儿；

蒸羊肉、烧羊肉、五香羊肉、酱羊肉、汆三样儿、爆三样儿；

烧紫盖儿、炖鸭杂儿、熘白杂碎、三鲜鱼翅、栗子鸡、尖汆活鲤鱼、板鸭、

筒子鸡。

鲍鱼

（七）成都的送点主官满汉席

道光十八年（1838年）成都官员杨海霞去世，杨海霞的子孙请杨海霞的老师李西沤为主厨，并献上一桌宴席。菜单如下：

燕窝、鱼翅、刺参杂烩、鱼肚、火腿白菜、鸭子、红烧蹄子、整鱼。

热吃八个：鱼脆、冬笋、虾仁、鸭舌掌、玉肉、鱼皮、百合、乌鱼蛋。

围碟十六个、瓜子、花生米、杏仁、桃仁、

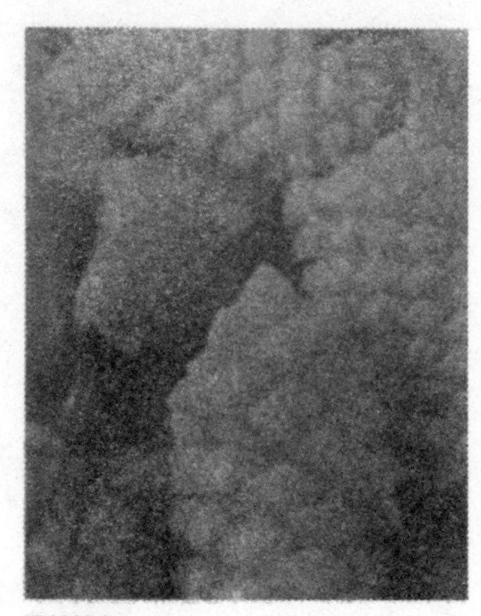
爆炒鱿鱼

甘蔗、石榴、地梨、橘子、蜜枣、红桃蘸、红果、瓜片、羊羔、冻肉、鸭、火腿。

烧小猪一头、哈尔巴、大肉包、槽子糕一盘、绍兴酒一坛。（中菜的惯例是正菜在前，小吃佐食在后。）

（八）民国初年的满汉全席食单

王仁兴先生在《中国饮食谈古》中，提供了一份民国初年的满汉全席单：

四拼碟子：盐水虾、佛手蜇、松花蛋、芹菜头、南火腿、头发菜、白板鸭、红皮萝卜

四高庄碟：红杏仁、大青豆、小瓜子、白生仁。

四鲜果碟：橘子、青果、石榴、鸭梨

四蜜饯碟：白橘、枇杷、绣球、青梅

四果品碟：白桃仁、茶尖、松子仁、桐子仁

四糖饯碟：苹果、莲子、百合、南荠

八大件：清炖一品燕菜、南腿炖熊掌、溜七星螃蟹、红烧果子狸、扒荷包鱼翅、清炖凤凰鸭、清蒸麒麟松子仁杏仁酪、石榴子烩空心鱼肚

十六个小碗：红烧美人蛏干、炒雪花

海参、爆炒螺丝鱿鱼、炒金钱缠虾仁、烩青竹猴头、锅贴金钱野鸡、蜜汁一品火腿、烧珊瑚鱼耳、金银翡翠羹、溜松花鸽子蛋、虾卧金钱香菇、烧如意冬笋、烩银耳、炸鹿尾、烩鹿蹄、烹铁雀

八样烧烤：四红：烧小猪、烧鸭子、烧鲫鱼、烧胸叉。四白：白片鸡、白片羊肉、白片鹅、白片肉。四碟：片饽饽、荷叶夹、千层饼、月牙饼

八押桌碗：烩蝴蝶海参、红烧鲨鱼皮、氽蛤士蟆、清蒸四喜、红烧天花鲍鱼脯、酿芙蓉梅花鸡、烩荷花鱼肚、烩仙桃白菜

四上随饭碗：金豹火腿炒南荠、南腿冬菜炒口蘑、冬笋火腿炒四季豆、金腿丝溜金银绿豆芽

四个随饭碟：炝苔干、拌海蜇、调香干、拌洋粉

点心：头道：一品鸳鸯、一品烧饼，随杏仁茶。二道：炉干菜饼、蒸豆芽饼，随鸡馅饺。三道：炉牛郎卷、蒸菊花饼，随圆肉茶。四道：炉烙馅饼、蒸风雪糕，随鱼丝面。

四样面饭：盘丝饼、蝴蝶卷、满汉饽饽、螺丝馒头

四望菜碟：干酪、白菜、桃仁、杏仁

川汁鸭掌

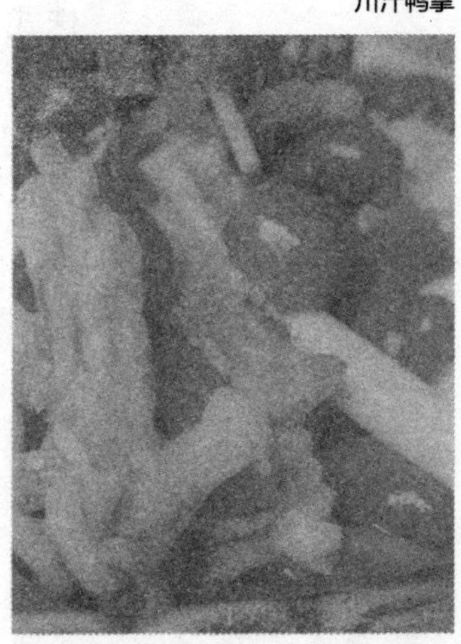

大乌参

饭：米饭、稀饭

（九）北京仿膳饭庄制作的满汉全席

这份宴席是1978年仿膳饭庄应日本富士贸易株式会社的请求，由清宫“抓炒王”的高徒王景春制作而成的。

进门点心：高汤卧果

三道茶食：莲子茶、桂圆茶、龙井茶

手碟：青果、樱桃、枇杷果

四桂果：瓜子仁、松子仁、熟栗子、桂圆肉

四糕品：长生糕、黑麻糕、绿豆糕、莲子糕

四整鲜：香蕉、柠檬、肥桃、苹果

四蜜碗：洛镇桃仁、虾茸茭白、口蘑豆米、松子香菇

四花拼：福、禄、寿、喜四字冷荤

上八珍：红烧猩唇、夸炖驼峰、玉笔猴头、红扒熊掌、芙蓉燕菜、黄养凫脯、红焖鹿筋、猴脑

八行件：炒兰花虾仁、黄焖绣球鸡肫、白扒芦笋、红烧黄唇肚、清炸赤鳞鱼、清汤牡丹银耳、白汁裙边、蜜蜡莲子桂圆

双点心：（二咸点一汤）三鲜烧卖、炸蝴蝶锤绒、豆苗三丝汤；（二甜点一粥）桂花方脯、重阳糕、细米粥

四松碟：火腿鸡榲、松子鱼松、芝麻肉松、翡翠虾松

红白烧烤：烤整乳猪、烤果子狸、烤填鸭、烤排子、烤哈儿巴、烤花篮鲑鱼、烤肥油鸡、烤鹿尾

点心：通州烧饼、子孙饽饽、千层饼、荷叶卷；酸菜汤（各吃）

下八珍：蝴蝶海参、扒鲍鱼龙须菜、花酿大大石子、凤眼竹笋、香酥鸭子、绣球干贝、珊瑚蛎黄、番茄乌鱼蛋

五福碗：荷花鱼翅、红蒸凤眼肉、黄焖雏鸡块、奶油布袋鸡、奶油黄唇胶

千层饼

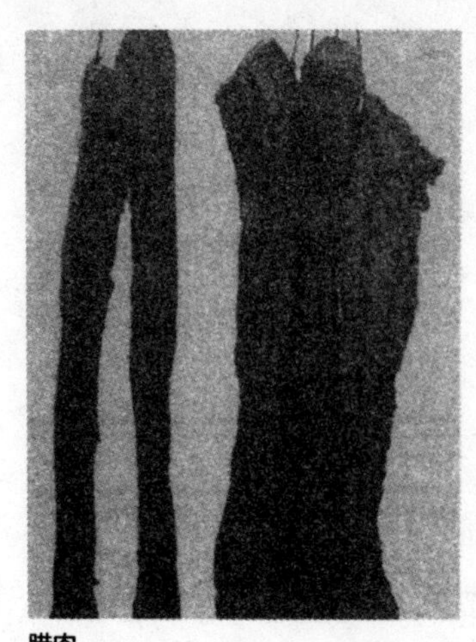
腊肉

四小炒：烧酿鲜辣椒、鸡蛋焖子、拌什锦菜、炒瓮菜

四面饺：三鲜伊府面、蟹黄汤面包、拔丝饼、烙盒子

四色包：枣泥包、水晶包、豆沙包、果馅包

四卷食：蝴蝶卷、绣球卷、如意卷、羊尾卷

四小菜：糖蒜、吉祥瓜、甘蒌、酱杏仁

蝎子碟：炸活蝎（每位一只）

槟榔碟

（十）港式满汉全席菜单

第一道：冷盘：孔雀开屏。热荤：皇母蟠桃（蛙、蟹、胡桃仁炒成）、视春锦绣（用填鸭睾丸和茸炒成）、加禾官燕（燕窝汤）、挂炉大鸭、京扒全瑞（整鳖）、雪耳鸽蛋、白炒香螺（薄片蝾、螺）、瑞草灵芝（鳖、鱼唇和虾炖成的汤）。点心：翡翠秋叶（虾饺）、鲜虾鱼友角。水果：木瓜。

第二道：拼盘：龙楼凤阁。热荤：桂花脊髓（猪、牛髓与桂花蓉炒）、飞鹏展翅（鹤肉鱼翅汤）、大红乳猪、海上时鲜（蒸鱼）、红烧网鲍片（酒蒸鲍鱼加蚝油风味作料

海八珍

)、油泡北鹿丝(鹿肉撒柠檬薄片)、木丝汤。

第三道：拼盘：雁行平沙。热荤：电影红梅(猪肚炒鸭肝)、宝鼎明珠(炒鲜虾)、广松仙鹤(炖整鹤)、红烧果子狸、大同脆皮鸡、珊瑚北口蛤(蛙鱼炒蟹)、时蔬扒鸭(炖鸭舌)、宝蝶穿衣(鲍鱼、竹笋、青菜)、凤舞罗衣(炖鸡皮、鲍鱼、虾、笋)。

点心：蚧肉片儿面(用薄饼把鸡汤炖的蘑菇和青菜包起来)。

第四道：拼盘：双飞蝴蝶。热荤：比翼鸳鸯(青蛙、鸡翅)、金丝鸽条(鸽肉炒青菜)、京扒熊掌、婆参蚬鸭(海参蚬鸭)、虾儿吧(猪蹄炖虾)、松子烩龙胎(炖鲨鱼肠)、蘑菇扒凤掌、酸辣汤(鸡鱼豆腐)。

另有小菜和各式鲜果。

五　满汉全席广为流传的独特魅力

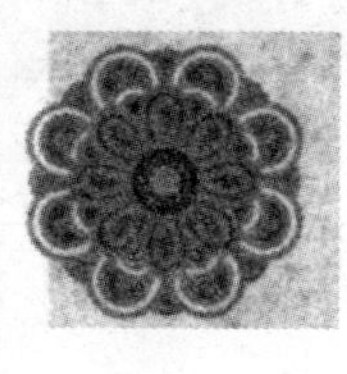

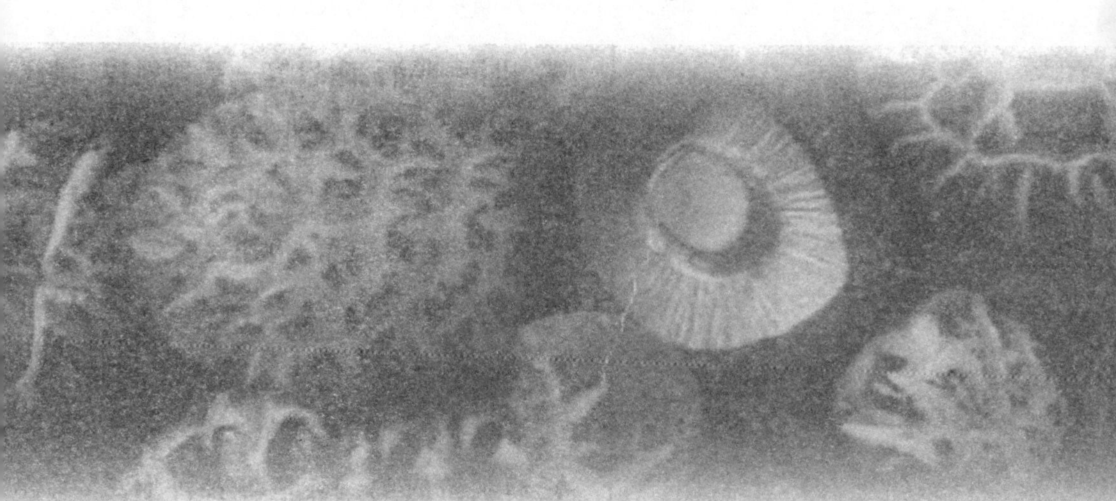

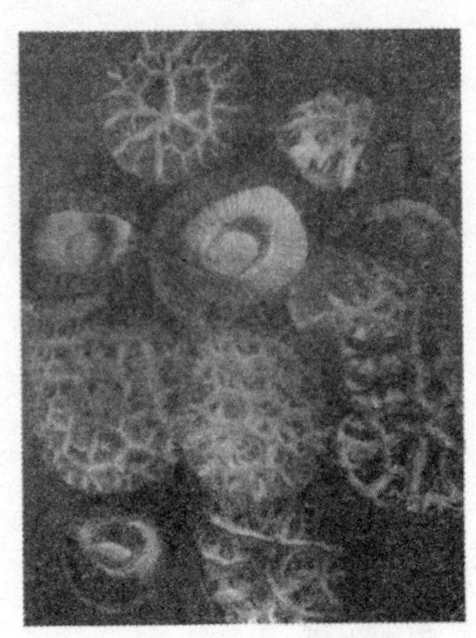

花菇

满汉全席历经了百余年的风雨变换，不仅没有消亡，反而在中国大地上流传甚广，衍生出众多流派，这不能不令人称赞。那么，满汉全席到底有什么独特魅力，以至经久不衰成为了人们心中不可超越的经典呢？

（一）讲究仪礼，气势宏大

满汉全席源于宫廷宴席，当时它是作为权力的象征出现的，要体现出皇家气派，而后在人们追求皇家饮食文化的体验和夸富心理的驱使下流行于民间。满汉全席程序严谨，讲究礼节，既有汉族宴席的传统礼仪，又有满族的规矩，比如宫廷满汉全席就有列班、入座、进茶、赐茶、进酒、赐酒、谢恩等一系列规程。满汉全席开宴之前，在外膳房总理大人的指挥下，赴宴人身着官服依照官员品位的高低，分两路进人，待到皇帝驾到时，列队恭迎，鼓乐齐鸣。宴会室“配上椅披、桌裙、插屏、香案”，餐具的形状规格都要依据菜品原料的特点而定，极为考究。大件瓷器须做成鸡、鸭、鱼等各种形状，又称之为“船”。鸡形者盛鸡、鱼形者盛鱼，谓之鸡船、渔船。盛甜味羹汤等，采用锡制的“水套子”，有内外两层，内层盛羹汤，外层装沸水，以保汤之热度，而且全部餐具都由金银玉牙珍宝精瓷所制，极其昂贵。像我们之前提到的孔府“满汉宴·银质点铜扬仿古象形水火餐具”就是摆满汉席所用的餐具。宴席的每席人数和桌张都有定制，清宫大宴上所谓一席就是一人一几，汉人用高桌，满人用矮桌，民间多为四人一桌，即八仙桌。但当代满汉全席的礼仪并不这么严格，开始出现八人或十人一桌或使用圆台面。在民间，满汉全席多用于“新亲上门，上司入境”，非特大庆典不设。开宴时，列队迎宾，大张鼓乐。宾生们一个个锦衣绣服，轿迎车送，前呼后拥，

花菇

礼让而升。酒三巡，则进烧猪，膳夫、仆人皆衣礼服而入。膳夫奉以侍，仆人解所佩之小刀脔割之，盛入器，屈一膝，献首座之专客。专客起箸，造座者始从而尝之，典至隆也。席间还有曼妙歌舞以助雅兴。乾隆皇帝六下江南时，每日膳食都是山珍海味，最简单的一餐也有数十种菜，上行下效，官绅人家迎待贵客无不倾其所有，以大开满汉全席为荣，豪商大贾也以此席亮富斗富，满足自己的虚荣心理。民国初年，蒙古科尔沁亲王贡桑诺尔布的福晋过四十大寿，在北京什刹海会贤堂举办满汉全席。因有荣寿固伦公主赴宴，特邀名优梅兰芳、杨小楼、余叔岩、姜妙香、肖长华、金秀山、裘桂仙、程继先等大唱堂会，满、蒙、汉王公贝勒、贝子大臣云集，民国达官显贵皆至，排场之大，冠绝一时。

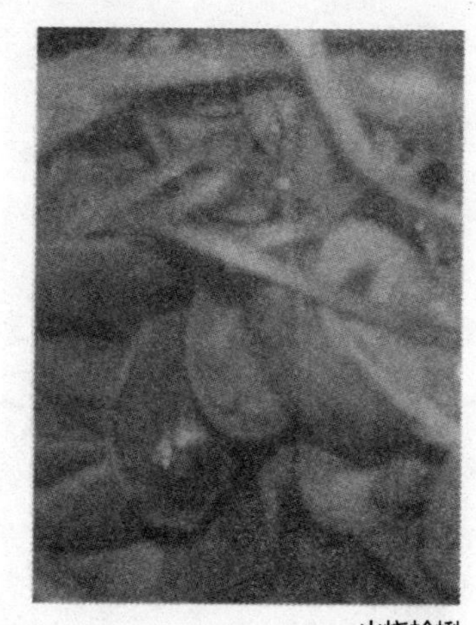
火烧蛤蜊

（二）原料丰富，工艺精湛

满汉全席用料广泛，天上地下无所不有。最为著名的是“禽八珍”：红燕、飞龙（为北方的一种野鸡）、鹌鹑、天鹅等；“海八珍”：燕窝、鱼翅、大乌参、鱼肚、鱼骨、鲍鱼等；“山八珍”：驼峰、熊掌、猴头、猩唇、豹胎、犀尾、鹿筋等；“草八珍”：猴头蘑、银耳、竹笋、驴窝菌、羊肚菌、花菇等，外加满族

京果

风味的乳猪、哈尔巴(猪肘)、烤鱼、烤鸡及酥盒子、烧卖、蒸饺、蛋糕、片饽饽等。满汉全席还囊括了油、烫、酥、仔、生、发六种面性制成的点心,运用了立、飘、剖、片等二十余种刀法,汇集了煎、炒、爆、熘、烧、煮、炖、焖,蒸、烩、炸、烤,腌、卤、醉、熏等烹饪技艺,又加以冷碟中桥形、扇面、梭子背、一顺风、一匹瓦、城墙垛等十多种镶雕手法,最后用形态各异的碗、盏、盘、碟等餐具加以衬垫。无论是刀工、组配、火候、调味,还是装盘、造型,均是一菜一格,百肴百味,是名副其实的集烹饪技艺大成之作。从席谱编排的特点看,菜肴中较为注重京朝菜和江浙菜,点心中较为注重满族茶点和宫廷小吃,并且将烧烤置于最显要的位置之上,这就是《清稗类钞》中所说的:"于燕窝、鱼翅诸珍错外,必用烧猪、烧方,皆以全体烧之。"显然,这是由清朝特殊的政治经济背景和社会习俗所决定的,从这一方面也彰显了在美食之中蕴含的深厚的文化积淀。

(三)菜式众多,注重搭配

满汉全席向来以奢华著称,其菜式少则五十余道,多则二百多道,很多时候是取一百零八这个吉利的数字。汉、满、蒙、回、藏，东、西、南、北、中的精品菜式在此都有所展现，仿佛是中华美食大展示一样。通常由高装、四大件、八大件、十六碗、四红、四白、点心、随饭碗、随饭碟、面饭、茶果等部分构成。其中，冷荤、热炒、大菜、羹汤、茶酒、饭点、蜜果与手碟，多为四件或八件一组，成龙配套，分层推进。显得多而不乱，广而不杂，精而不吝，丰而不俗。由于菜式多，宴饮中也穿插了多处休息游戏时间，或听戏、或打牌、或抽大烟、或逗宠物，然后再继续饮宴。有的席面分三餐品尝，有的要持续两天，还有的需要三天九餐才能结束。满汉全席的席谱一般都是按照大席套小席的格式来设计，全体菜式整体看来浑然一体，井然有序，有“四到奉”“四冷荤”“四热荤”“四冷素”“四热素”等，就局部看又是可以单独成立的小宴席。同时还极为讲究菜式的搭配，例如吃“烤乳猪”要配“酸辣汤”和“千层饼”；吃“片皮鸭”要配“长春汤”和“饽饽”；吃“干烧伊面”要配“草姑上汤”等。热冷干鲜，酸甜辣咸，搭配合理，使人感觉吃之不重、吃之不腻、吃之不尽。

满汉全席以其礼仪隆重、用料华贵、菜

皮冻

酸辣汤

点繁多、技艺精湛等独特魅力在中国烹饪史上占有承前启后的重要地位，是中国古代烹饪文化的一项宝贵遗产。品味满汉全席,不仅是漫游在中国饮食文化长河之中，领略中国菜肴色、香、味、形、质、器、名、时、养“九美”兼备的传统，同时更能看到出中国饮食文化吸收烹饪学、营养学、食品学、历史学、社会学、民俗学、美学、音乐歌舞、工艺美术等展现出的辉煌成就。世界赋予中国以“烹饪王国”的桂冠可谓是实至名归。

烧卖

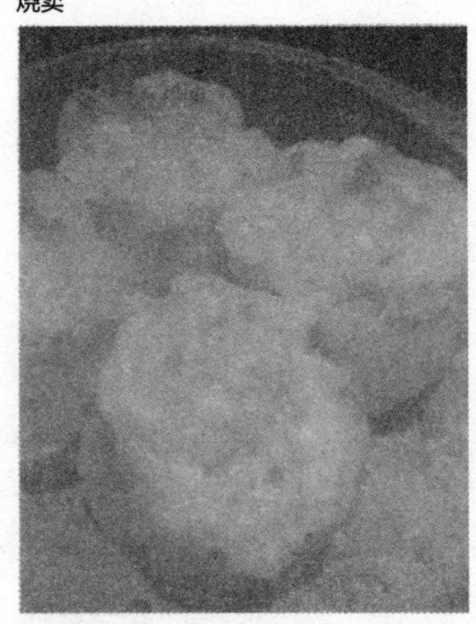

满汉全席

六 满汉全席中几道菜名的有趣传说

满汉全席里的每道菜，都有一段有趣的故事传说，这里试举四例：

艾窝窝的传说：相传清朝乾隆皇帝平息了大、小和卓叛乱后，把维吾尔族首领美貌绝伦的妻子抢到宫中做自己的妃子，封为香妃。香妃被抢到北京后，思念家乡和自己的丈夫,茶饭不思,令乾隆很是为难。他传旨下去，说谁要是能做出香妃爱吃的东西，就重重有赏。御厨们于是各显神通，山珍海味各色点心做了不少，可是香妃却连看都不看，御厨们因此都一筹莫展，想不出什么好法子。自从香妃被抢走后，她的丈夫也日夜思念她，于是跋山涉水历尽辛苦也来到了北京。正好听说皇帝在为香

艾窝窝

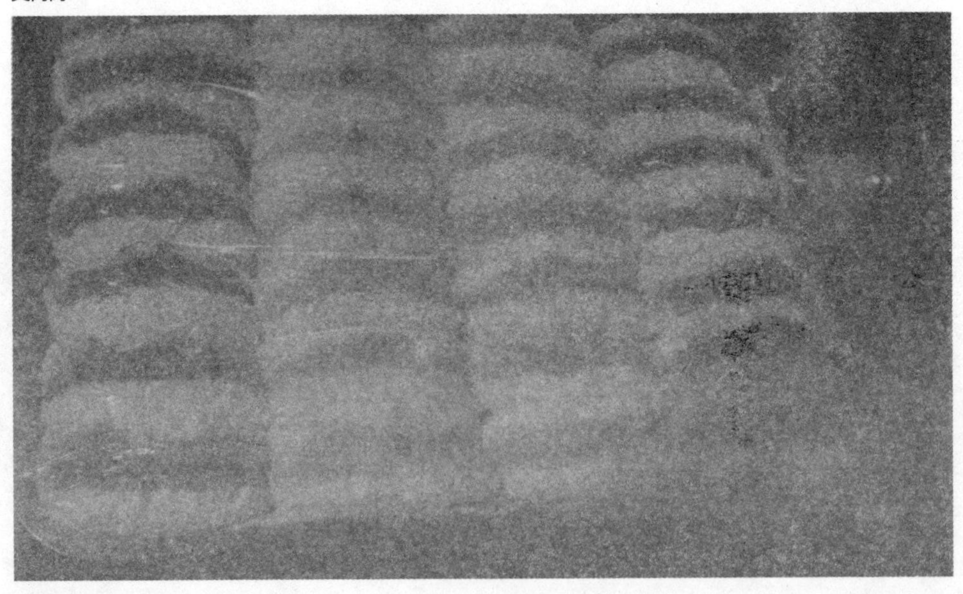

妃不思茶饭的事情着急，于是就化名为艾买提，做了一盘江米团子献了上去。这江米团子是他家祖传的自制点心，他相信，香妃看了江米团子一定会认得出是他的手艺。当江米团子送到宫中，太监问他这是什么食物，他想自己既然化名艾买提，就叫它艾窝窝吧。果然，香妃见到江米团子后，喜出望外，她知道自己的丈夫也已经来到了北京。她掩饰住自己内心的喜悦，拿起江米团子吃了起来。乾隆看见香妃终于吃东西了，非常高兴，不仅重赏了艾买提，还命令他天天制作艾窝窝送到宫里给香妃吃。从此，艾买提和艾窝窝就出了名，流传到民间后，也深受人们的喜爱。

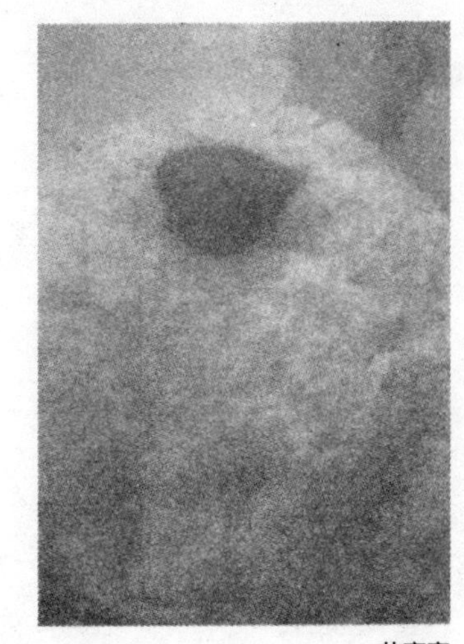
艾窝窝

游龙戏凤的来历：据说在明正德年间，武宗朱厚照在一次私访中来到一个叫梅龙镇的小县城，这个县城有一家很有名的酒店，是由一对叫李龙和李凤的兄妹所开，附近的人们都亲切地称呼李凤为凤姐。一日武宗朱厚照来到了这家酒店，见凤姐美若天仙气质不俗，便让凤姐备下佳肴美酒。凤姐亲手做了一道鸡鱼合烹的菜式，武宗朱厚照品尝后大加赞赏，非常高兴，便问凤姐这道菜叫什么名字，凤姐说这是她自制的，还没有起名字，武宗朱厚照便说：“这道菜美味无比，不如就叫‘游龙戏凤’吧。”凤姐也因为手艺高超随武宗朱厚照一起回了宫。从此，“游龙戏凤”成为了明朝宫廷名菜，一直流传至今。现在北京和辽宁依然很流行，只是做法略有不同。

芸豆卷和豌豆黄的传说：相传有一天慈禧太后正坐在北海静心斋歇凉，忽然听到城墙外的大街上传来敲打铜锣的声音，还夹杂着吆喝的声音。慈禧纳闷，忙让身边的太监去看看是卖什么的，太监出去看了之后回来禀报说是卖芸豆卷和豌豆黄的。慈禧一时兴起，就传令下去让侍卫把此人

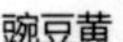
豌豆黄

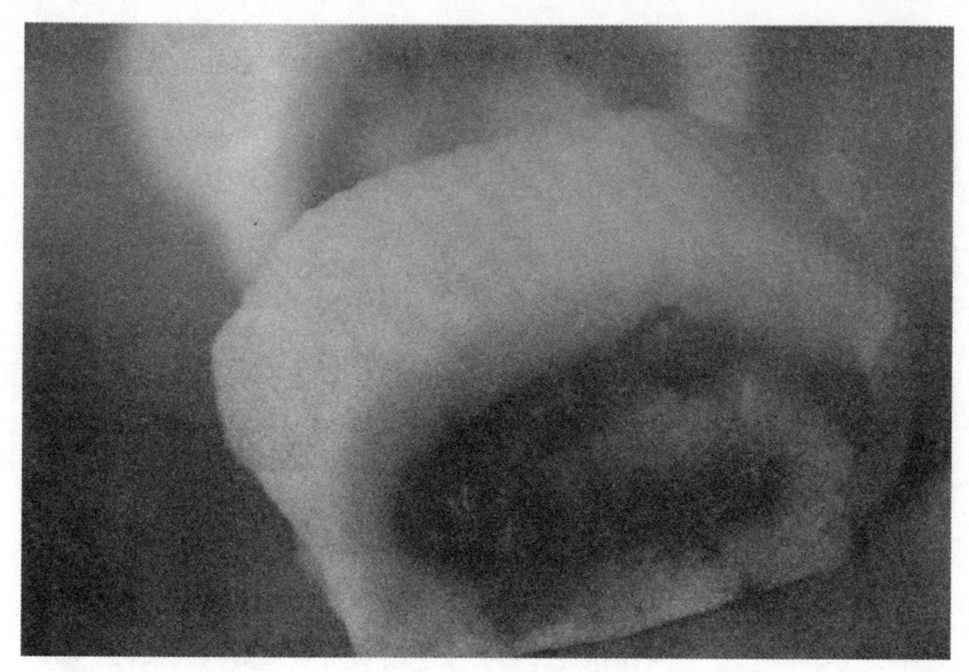

芸豆卷

带进宫来。来人不知太后何意，来到慈禧跟前急忙下跪求饶。出乎意料的是，慈禧竟然说想尝尝他卖的芸豆卷和豌豆黄，这个人于是双手奉上食物请太后品尝，慈禧尝罢，赞不绝口，并把此人留在了宫中，专门为她做芸豆卷和豌豆黄。从此，芸豆卷和豌豆黄名气大增。

抓炒里脊的来历：据说有一次慈禧食欲不振，面对着御膳房呈上的各种山珍海味，一点胃口都没有，一口都没有吃就让太监全部撤下了。这可急坏了御膳房的御厨们，做不出能让太后喜欢的菜，万一降旨怪罪下来

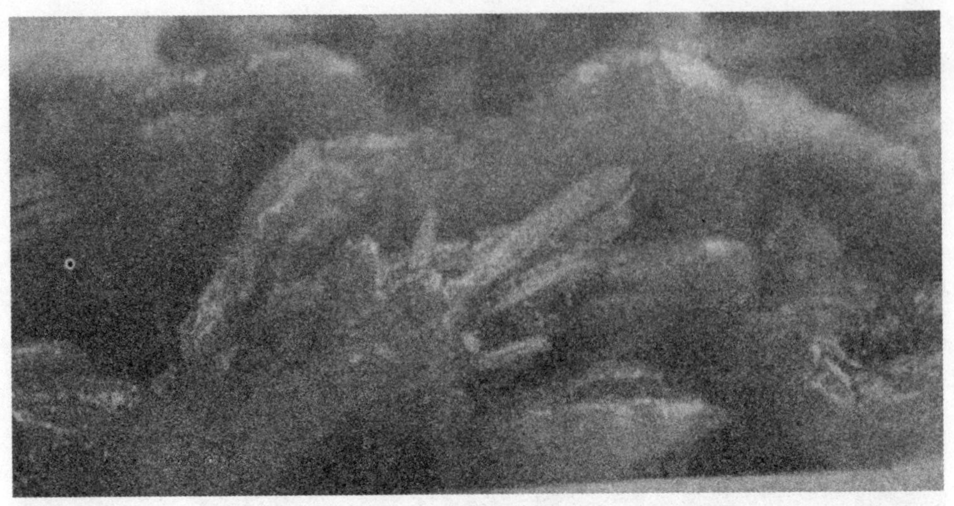

五香大虾

大家可是要吃不了兜着走的。就在大家急得团团转的时候,有一个平时负责烧火的伙夫灵机一动,想出了一个不是办法的办法。他抓了一些猪里脊肉放在碗里,又倒入一些蛋清和湿淀粉,胡乱的搅和在一起,倒在锅里便炒了起来,炒熟后装在了盘子里。御厨们看了都面面相觑,并议论这样杂乱无章的菜,怎能登上大雅之堂呢?这时有一位老御厨说:“反正也没有什么别的好办法,况且谁也摸不准太后平时到底喜欢吃什么,不妨就把这道菜端上去试试。”于是就把这道菜呈了上去。慈禧此时正有微饿之感,忽然香气扑鼻,只见端到面前的这道菜,色泽金黄、荤素杂陈、油亮滑润、与众不同,顿时食欲大开,举著一尝,更是觉得美味无比,便问上菜的太监:“这道菜叫什么名字,怎么以前没吃过呢?”太监急中生智答道:

五香杏仁

抓炒里脊

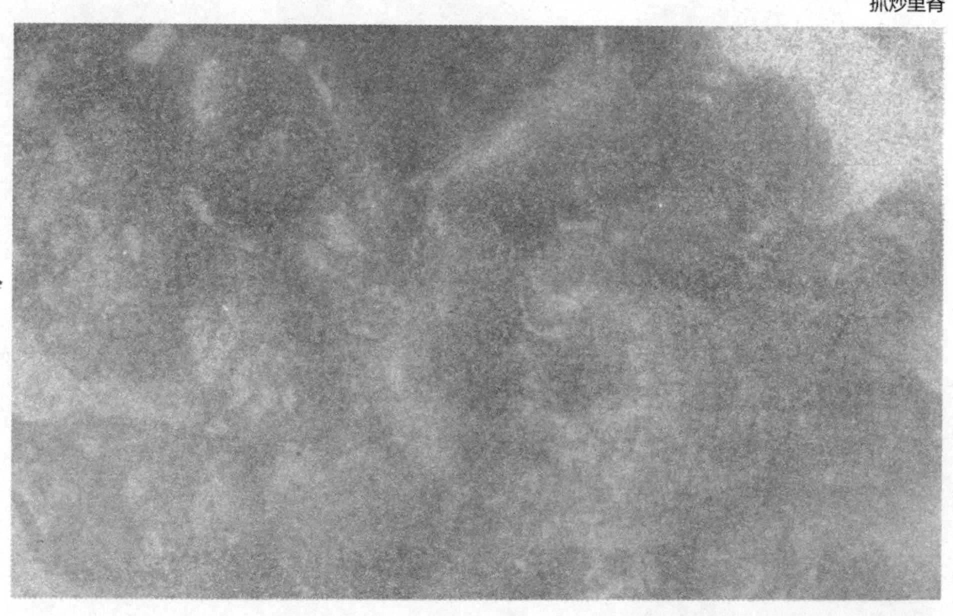

鸭掌

“这道菜不是御厨做的，而是御膳房里一个伙夫为老佛爷烹制的，叫‘抓炒里脊’。”慈禧听了小太监的话，对这道别出心裁的抓炒菜肴很感兴趣，便传来这个伙夫，赏赐了很多银两，因为伙夫姓王，又封他为“抓炒王”，由伙夫提为御厨，专为太后烹调抓炒菜。从此，抓炒里脊闻名宫廷，并逐渐形成了宫廷的四大抓炒，后来成为北京地方风味中的独特名菜。

七 满汉全席几道菜品的制作方法

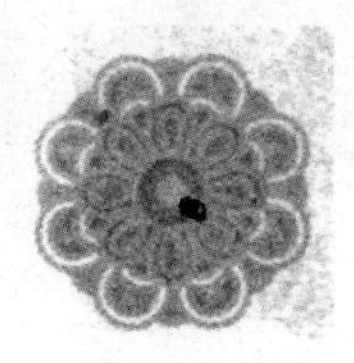

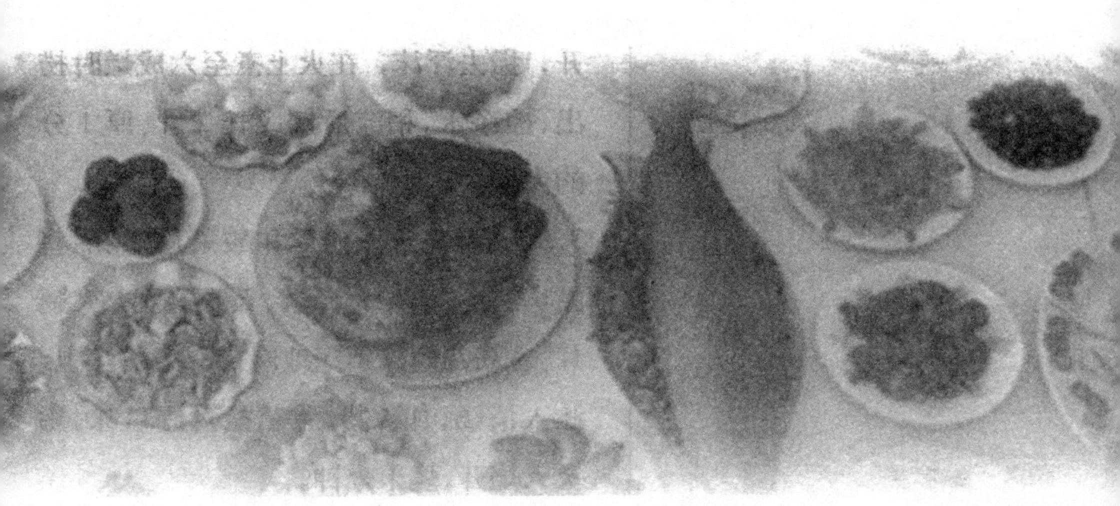

御龙火锅

御龙火锅 原料：五花肉、香菇、黄蘑菇、粉丝、酸菜、大海米、干贝、火腿。

调料：清汤、料酒、精盐、酱豆腐、香菜末、韭菜花、卤虾油、芝麻油、辣椒油。

做法：1. 用水将带皮五花肉洗净，刮去细毛。将香菜洗净，切去根，切成 2 分长的段。用刀将水发香菇、水发黄蘑菇切成长 1 寸 5 分、宽 6 分、厚 1 分的片。将粉丝放入盆中，注入开水，浸泡 10 分钟，涨发好后捞出，剪成长约 4 寸的丝。用水将酸菜洗净，切去根，切成长 1 寸 5 分、宽 8 分的片。将大海米放碗中，注入开水浸泡 20 分钟。

2. 在锅中注入清水，放入猪肉，上火烧开，撇去浮沫，在火上煮至六成烂时捞出，控净水，稍凉后切成长 2 寸、厚 1 分的大薄片。

3. 火锅中先放入粉丝和酸菜片，然后将猪肉片、干贝、大海米、黄蘑菇片、火腿片、香菇片间隔顺序地码在酸菜粉丝上，注入清汤，加入料酒、精盐对好口味，用炭火烧开，烧十分钟。

4. 将酱豆腐放入小碗内，用凉开水研成卤状。将香菜末放入小盘内。将韭菜花、

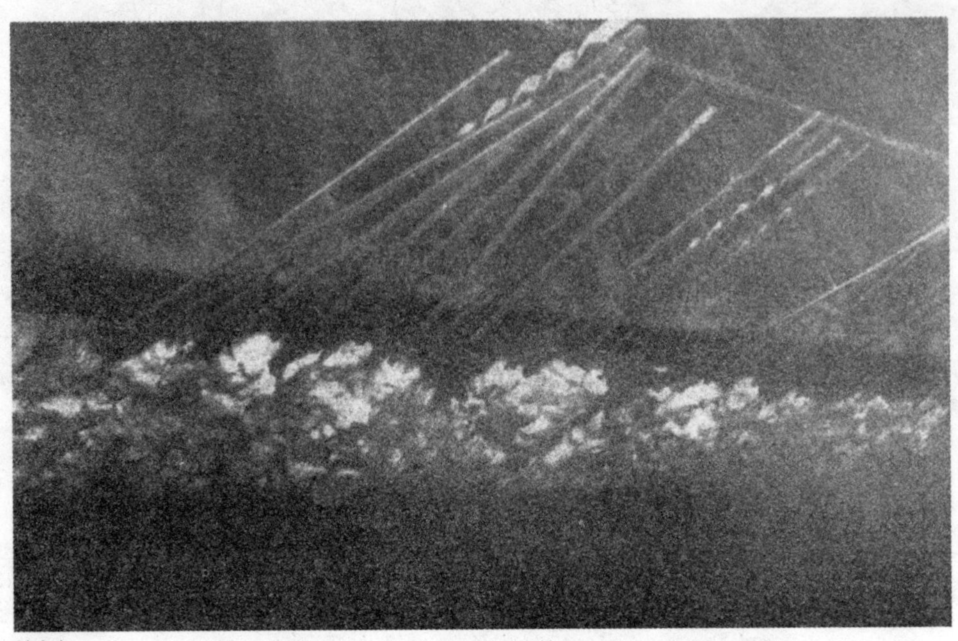

羊肉串

卤虾油、芝麻油、辣椒油分别放入小碗中，同白肉火锅一起上桌。

火烤羊肉串：原料：羊后腿。

调料：酱油、椒盐、麻油。

做法：羊后腿肉切成长方片，取十根银钎，一根穿七块羊肉。把酱油加调料拌匀。把羊肉并排加在微火上烤，随烤随将酱油刷在肉上，并撒上椒盐，3 分钟后，带内呈酱红色，用同样的方法烤背面，两面刷上麻油即成。这道菜色泽酱红，肉质鲜嫩，味道麻辣鲜香。

金钱吐丝：原料：鲜虾、马蹄、猪肥肉、

色香味俱全的满汉全席

面包、鸡蛋清。

调料：精盐、料酒、玉米粉、花椒、盐。

做法：1. 首先将鲜虾去头尾及外壳，挑去沙线，用水洗净。将马蹄拍碎，用刀剁成末。将鲜虾肉及猪肥肉用刀背砸成茸。将面包切成直径 1 寸、厚 1 分的圆形片，其余剁成面包粉。

2. 将虾肉茸和猪肥肉茸放入碗中，加入精盐、料酒、玉米粉搅拌上劲，再放入马蹄末、鸡蛋清搅拌成糊，用手挤成直径 1 寸的丸子，放在面包片上，四周用小刀抹齐。将面包粉过细，然后将细面包末撒在虾托上面，

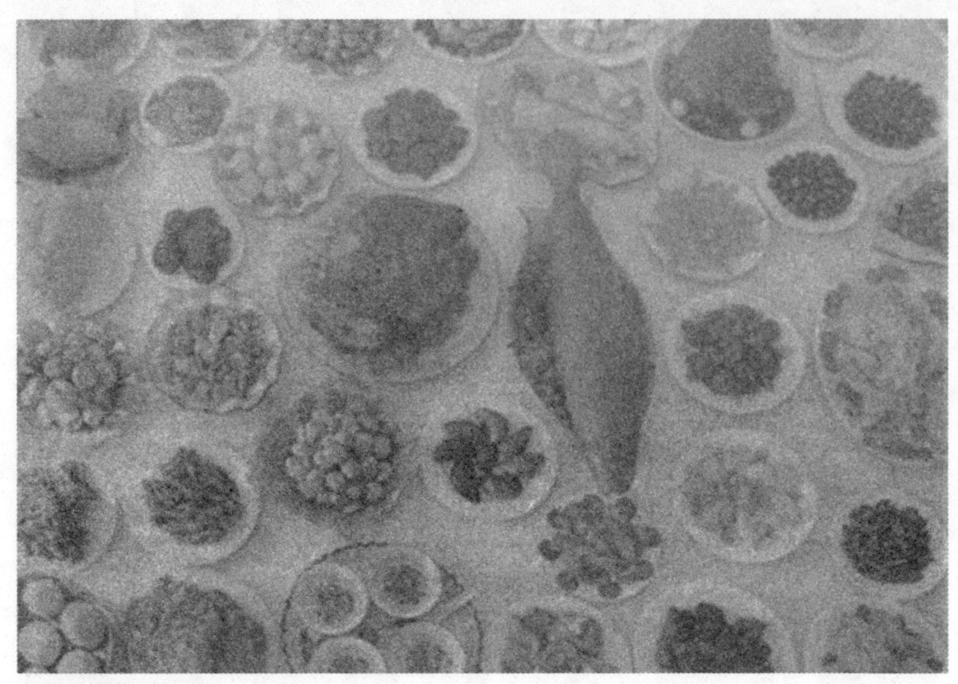

满汉全席菜品众多

用手压实。

3. 坐煸锅，注入 1 公斤花生油，烧至六成热时下入虾托，炸至金黄色时捞出，控净油，放在盘中即成，连同花椒盐一起上桌。

龙凤柔情: 原料:鳜鱼肉、鸡脯肉、豆苗。

调料:料酒、精盐、鸡蛋清2个、湿淀粉、清汤、酱油少许、花生油、鸡油。

做法 :1. 将鱼肉剔去皮，将鸡脯肉剔出去皮和筋。将以上两种原料均切成 5 厘米长的细丝分别放入两个碗中。分别加入料酒、精盐各少许拌匀再分别放入 1 个鸡蛋清、5克玉米粉。把鱼肉丝和鸡肉丝浆好，将豆苗切去根洗净切成寸段。

2. 坐煸锅，注入花生油烧至五成热时，将鱼肉丝和鸡肉丝分别下入锅中滑熟。分别倒入两个漏勺中，控净油。

3. 煸锅中留底油，放入滑熟的鱼肉丝和料酒，精盐、酱油各少许。注入75克清汤，略加煸炒，加入用水调稀的玉米粉，勾芡，然后倒入圆盘的另一边，呈半圆形。

4. 锅中留底油，放入豆苗煸炒，同时加入料酒、精盐各少许，翻炒均匀，倒在鱼肉丝和鸡肉丝的中间即可。

羊肉串

熏鹅

芙蓉大虾：主料：鲜大虾。

配料：鸡茸、鸡蛋清。

调料：料酒、精盐克、湿玉米粉、鸡油、熟猪油、清汤、火腿末和菜末少许。

做法：1. 大虾去头尾，剥去外壳，挑净沙线，用刀片开成两片，如果虾大可片成四片，然后用清水洗干净，放入碗中。加少许精盐、料酒，鸡蛋清1个和玉米粉浆。

2. 将鸡茸放在碗中，加入料酒、精盐、玉米粉拌匀，再加入三个鸡蛋清，拌成稀糊。

3. 坐油锅，注入熟猪油，烧至五成热时下入浆虾片，滑熟后捞出，控净油，倒入鸡茸稀糊中拌匀。油锅继续坐火上，烧至五成熟时下入裹糊虾片，滑熟后倒入漏斗中，控净油。

4. 锅中留底油少许，倒入虾片，加入料酒、精盐、清汤翻炒一下。用湿淀粉勾芡，淋上鸡油，出锅装盘，撒上火腿末和油菜末即可。

鸳鸯戏水：原料：鳜鱼、鸡脯、明虾、黄瓜、鸡蛋清。

调料：盐、味精、黄酒、高汤。

做法：1. 鳜鱼出骨片成鱼片，鸡脯片成片，明虾和黄瓜切片，把蛋清打成泡糊状，

蛤蜊蛋汤

放入匙内上笼蒸熟，做成鸳鸯和莲蓬造型。

2. 在锅里放入高汤和调料，烧开后放入鳜鱼片、鸡片、明虾片、黄瓜片，待开锅后装入品锅内，然后将鸳鸯和莲蓬放入汤内即可。

繁花似锦：原料：白玉豆腐、红椒、青椒。

调料：色拉油、盐、味精、高汤。

做法：1. 将豆腐切成梅花形，把青椒和红椒切丝。

2. 把豆腐放入盆内加入调料，上笼蒸十分钟后取出，放上青椒丝和红椒丝，再勾芡即可。

珍珠鱼丸

火烧蛤蜊：原料：活河虾。

调料：盐、味精、五粮液、芝麻酱、香菜、葱、姜、青椒、醋精、麻油、酱油。

做法：1. 将麻酱加调料后，调匀成芝麻酱小料，将香菜、葱、姜、青椒切成末，加入调料后也调匀成小料，放如小碗内。

2. 上席时将白酒倒在活河虾上，加盖闷几分钟后即可食用，食用时将河虾蘸小料即

竹笋

银耳

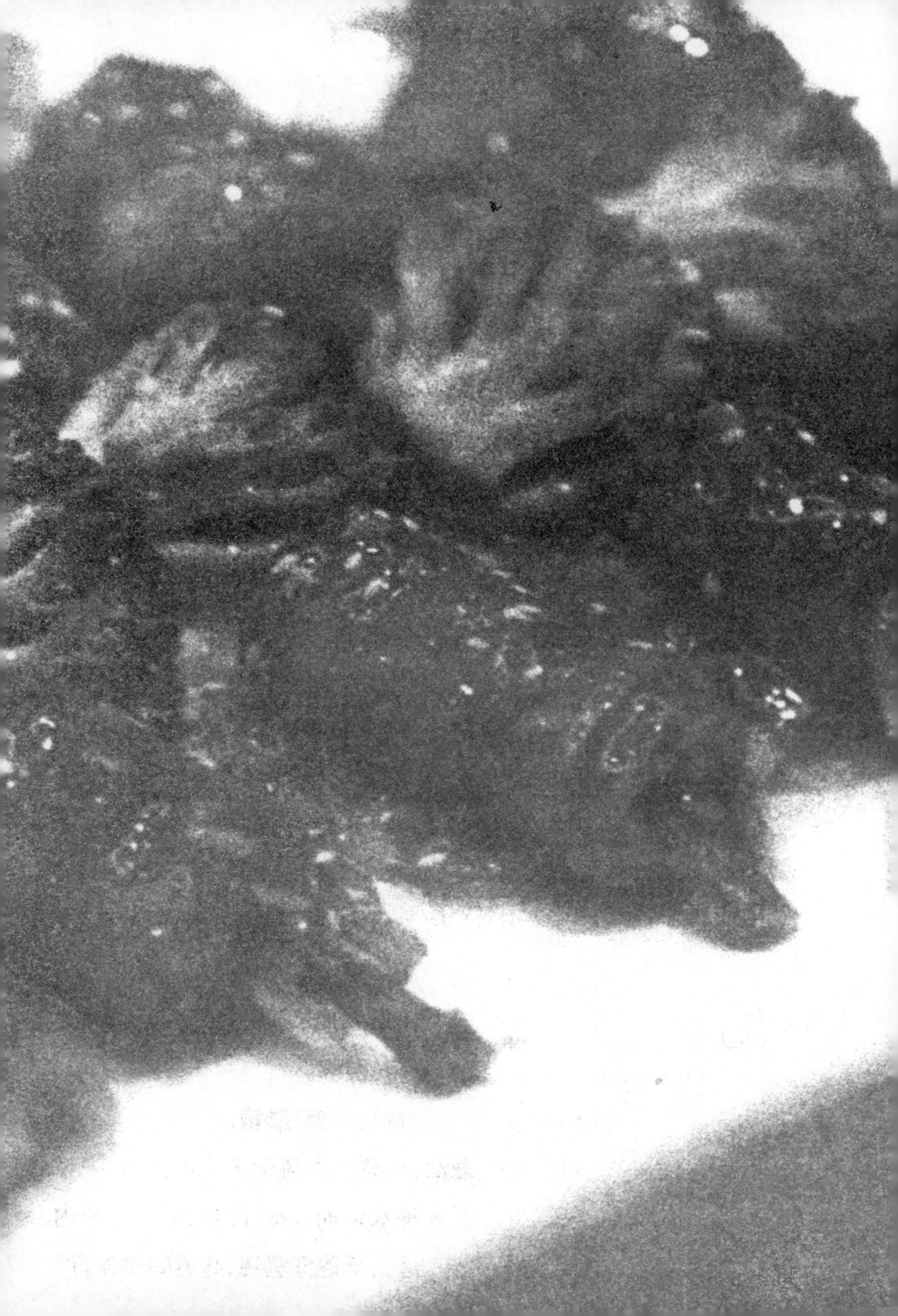

鲜果龙船

可。

松鹤延年：原料：香菇、鸡脯肉、黄瓜、蛋白、蛋松、菜松、樱桃。

调料：盐、味精、麻油。

做法：1. 将香菇烧熟，批成片，将黄瓜打成扇片。

2. 用香菇、黄瓜拼装成松树的造型，将鸡脯、蛋白、黄瓜拼成鹤形。

鲜果龙船：原料：大冬瓜、枇杷、龙眼、葡萄、樱桃。

调料：白糖、醋精。

做法：1. 将冬瓜雕刻成龙船。

2. 各种水果加入糖、醋精，装入龙船内。

这道菜造型美观，味道酸甜爽口。